黃河國家治理文獻集成（民國卷）第二十七册

《黃河國家治理文獻集成》編委會　編

總第九十一册

大禹治水之科學精神——黃河治本探討

沙玉清　著
朱紫陽　李新蕊　編

綏遠河套治要

周頌堯　著
朱紫陽　李新蕊　編

綏遠省民生渠水利公會第一届報告

綏遠省民生渠水利公會　編
朱紫陽　李新蕊　編

西北水利問題提要

黃河水利委員會　編
朱紫陽　李新蕊　編

內蒙古出版集團
內蒙古人民出版社

圖書在版編目（CIP）數據

大禹治水之科學精神 ：黄河治本探討 / 沙玉清著 ；朱紫陽，李新蕊編．綏遠河套治要 / 周頌堯著 ；朱紫陽，李新蕊編．綏遠省民生渠水利公會第一屆報告 / 綏遠省民生渠水利公會編 ；朱紫陽，李新蕊編．-- 呼和浩特 ：內蒙古人民出版社，2025. 8. --（黄河國家治理文獻集成）. -- ISBN 978-7-204-18605-1

Ⅰ．TV882.1

中國國家版本館 CIP 數據核字第 2025HM9845 號

大禹治水之科學精神——黄河治本探討
沙玉清　著

綏遠河套治要
周頌堯　著

綏遠省民生渠水利公會第一屆報告
綏遠省民生渠水利公會　編

西北水利問題提要
黄河水利委員會　編

編　　者	朱紫陽　李新蕊
策劃編輯	何可欣
責任編輯	賈大明　徐　飛
裝幀設計	劉那日蘇　吉　雅　安立新
責任監印	王麗燕
出版發行	內蒙古出版集團　內蒙古人民出版社
地　　址	呼和浩特市新城區中山東路 8 號波士名人國際 B 座 5 層
網　　址	http：//www.impph.cn
印　　刷	內蒙古愛信達教育印務有限責任公司
開　　本	880mm×1230mm　1/16
印　　張	23.25
字　　數	280 千
版　　次	2025 年 8 月第 1 版
印　　次	2025 年 8 月第 1 次印刷
印　　數	1—1000 册
書　　號	ISBN 978-7-204-18605-1
定　　價	196.00 元

如出現印裝質量問題，請與我社聯繫。聯繫電話：（0471）3946120

編纂委員會

引言

千古河流成沃野，幾年沙勢自風湍。

得益于黄河冲積所帶來的疏松土質和有機物，中華先民利用石製工具開始了農業生産，并逐步發展出旱地粟作農業，『能够最大程度保障食物供給的穩定性，奠定了中華文明起源和形成的堅實基礎』〔一〕。而利用河水灌溉，提高區域可預測農業産量，『在産業史上起着最有决定性的作用』〔二〕。隨後，技術進步、經濟發展、人口增加，讓先民的文化生活大爲豐富。嚴文明先生評價道：『這是一場影響深遠的革命。』〔三〕在這場革命中，平衡水、沙、産、人四者之間的關係，始終是黄河治理的核心問題。四者關係一旦失衡，就容易引發諸多灾患。

歷史上，黄河下游因人口稠密、經濟發達，一直是學術界關注的重點。但自河源至今内蒙古托克托縣河口鎮的黄河上、中游區域，雖遠離王畿，人口稀疏，却也一直備受關注，人們逐步認識到黄河全流域治理是國家的重要任務。《漢書》載：『堤防之作，近起戰國，雍防百川，各以自利。』〔四〕没有全流域的協同治理，僅靠各地分段築堤，則黄河河患無法解决。秦建立了中國歷史上第一個中央集權大一統王朝，秦始皇東巡碣石，刻石銘記『决通川防，夷去險阻』〔五〕，開啓中央政府調動各要素治黄之先河，這『在中國，實質上是國家的一種職能』[六]。同時，國家通過對黄河的有效治理，爲沿黄流域人民群衆乃至其他地區人民群衆提供了重要的公共物品和産業支撑，成爲人民群衆眼中中央政府的功過評價指標之一。因此，治黄在增强沿黄各族群國家、政治、文化認同的基礎上，强化了中國大一統國家的合法性，成爲歷代國家治理能力的一個重要測度。

一、黄河治理維護了國家的社會穩定

從秦并六國到漢朝建立大一統國家，中國統一的多民族國家形成并得到初步發展。當時中央政府對所轄疆域有『北邊郡』和『内郡』之稱。内蒙古額濟納旗出土的居延漢簡有載，『豤（墾）田以鐵器爲本北邊郡毋鐵官印器内郡令郡以時博賣予細民毋令豪富吏民得多取販賣細民』，可以看出北邊郡是與内郡相對應的行政管轄區域。《史記》卷二十八『封禪書第六』載：『上乃遂去，並（并）海上，北至碣石，巡自遼西，歷北邊至九原。』[七]。《史記》卷三十『平準書第八』載：『天子北至朔方，東到太山，巡海上，並（并）北邊以歸。』[八]司馬遷多次提及北邊，足見統治者對北邊治理的重視。

漢武帝時，齊人延年提出從今内蒙古引黄河水經今北京一帶，向東注入渤海，以衛北部邊疆。『是時方事匈奴，興功利，言便宜者甚衆。齊人延年上書言：「河出昆侖，經中國，注勃海，是其地勢西北高而東南下也。可案圖書，觀地形，令水工準高下，開大河上領，出之胡中，東注之海。如此，關東長無水災（灾），北邊不憂匈奴，可以省隄（堤）防備塞，士卒轉輸，胡寇侵盜（盗），覆軍殺將，暴骨原野之患。天下常備匈奴而不憂百越者，以其水絶壤斷也。此功壹（一）成，萬世大利。」』〔九〕《史記》卷二十四『樂書第二』載：『天馬來兮從西極，經萬里兮歸有德。承靈威兮降外國，涉流沙兮四夷服。』〔十〕如今，包頭地區出土了『四夷盡服』瓦當，出土文物與傳世文獻的呼應，成爲黃河治理維護祖國北部邊疆穩定的見證。

《史記》卷三十『平準書第八』載：『嚴助、朱買臣等招來東甌，事兩越，江淮之閒（間）蕭然煩費矣。唐蒙、司馬相如開路西南夷，鑿山通道千餘里，以廣巴蜀，巴蜀之民罷焉。彭吳（吴）賈滅朝鮮，置滄海之郡，則燕齊之閒（間）靡然發動。及王恢設謀馬邑，匈奴絶和親，侵擾北邊，兵連而不解，天下苦其勞，而干戈日滋。』〔十一〕清代《汾陽縣志》卷十三『藝文』收録曹學閔《開修黃蘆嶺車路紀德政碑記》，上載：『永寧州，界連西陲，北達邊外歸綏諸路，商賈遠貿粟麥，泛皮船隨黃流南下，聚于州西磧口，一府之民仰利賴焉。而東至太原，南抵平陽，州縣凡二十餘，亦視汾爲橐籥，蓋所繫非特一方生計矣。』〔十二〕民國時期，東北淪陷後，開發西北刻不容緩，而『黃河中游之水利，自應加以擴充及整理，藉（借）收桑榆之效，以挽狂瀾於（于）萬一』〔十三〕。

因黃河流域自然條件優越，歷朝歷代都十分重視對此地的開發，通過强有力的國家干預方式推動各類産業的發展，爲中國北部疆域的形成和社會穩定奠定了基礎。

二、民族交往、物資交流、技術轉移促成黄河治理共同體

《史記》卷十五『六國年表第三』載：秦始皇三十三年（前214），『築長城河上，蒙恬將三十萬』[十四]。這數十萬人中，擁有一技之長的人員不在少數。由此，邊地人口不斷增多，而豐富的物産則促進了商品交流與統一市場的形成。西漢《鹽鐵論·力耕第二》記録了『异物内流』的情形：『是以贏（騾）驢馲駞（駝），銜尾入塞，驒騱騵馬，盡爲我畜，鼲鼦狐貉，采旃文罽，充於（于）内府，而璧玉珊瑚瑠（琉）璃，咸爲國之寶。』[十五]此後，黄河北岸的『贏（騾）驢馲駞（駝）』『驒騱騵馬』『鼲鼦狐貉』『采旃文罽』與西南織錦、中原麻織、農作物等物資相互交流，逐步形成統一的國内大市場，加强了邊疆與其他地區的經濟聯繫，促進了邊疆特色産業的發展。

隨着民族交往交流交融的增强，清代以降，黄河流域内蒙古段輸入到内地的也不僅僅是『异寶』了。《綏遠通志稿·水路》載：『自乾隆以還。口外墾殖日廣。民殷物阜。出境之油、糧、鹽、鹼（碱）、甘草各貨。入境之日用雜貨。山西與歸綏往來之商運。凡經河路者皆以托屬河口爲唯一之碼頭。』[十六]從清乾隆年間到民國時期，由内蒙古經黄河運到山西的貨物有糧、油、鹽、碱、藥材、皮毛等，其中以糧油爲最大宗。糧食品種主要有糜黍、穀子、高粱、豆類及玉米、大小麥

等，油料主要是胡麻。内蒙古供貨支綫有從阿拉善盟阿拉善左旗吉蘭泰鹽池到山西吕梁市磧口鎮的運鹽駝路，五原縣、臨河區一帶各大幹渠的運糧水道，杭錦旗、達拉特旗的甘草馱運綫，鄂托克旗的運碱駝路。内蒙古段各條支綫以供貨爲主，山西段若干支綫以運銷爲主。

《臨縣志》載：『清朝乾隆至民國年間，陝、甘、綏、蒙等地的物資，通過此航綫運達磧口，再用牲口馱運到離石、吴城，轉運至東路（汾、平、介、孝等縣）。據民國 20 年（1931）統計，每年從綏遠磴口航至磧口的貨船不下 4000 餘艘』『是陝、甘、綏、寧與晋西北物資集散之重鎮』。[十七]可見，内蒙古在甘肅、寧夏與陝西、山西等沿黄上下游物資交易中起到了重要的聯結作用；同時也吸引了山西、陝北、河北、山東、甘肅等地的農民遷移至此，并將開渠打壩、引水澆地等農業生産技術、手工技術和商業貿易經營方式帶到這裏。他們在此扎根，除了從事農業生産外，還挖甘草、下窑背炭、在黄河上拉船、在沙漠中拉駱駝、打短工放冬羊、開碾磨油坊，等等。不同地域、不同民族的人們合力修築河渠、引水興業，逐漸形成休戚與共的共同體。其間積纍的産品交易、商業管理、社會治理等方面的經驗，在今天依然有借鑒意義。

清代『首重治河，探河源以窮水患』[十八]，但更深層次的考量是『宣揚大一統及增强國家認同』[十九]。黄河流域人口基數大、分布廣，而全流域治理理念將不同地區、不同民族的人們凝聚成命運共同體，而『大一統』理念正是這一治理實踐的核心主題。

三、黄河流域拓展了中國的發展空間

早期統治者因巡幸及邊防建設所需，統籌管理沿黄河運與秦直道等沿黄馬道，維持着中央政府對北邊的有效治理。河套平原引黄渠道的建設爲秦漢王朝屯田事業提供了基本的水利保證，并將這些區域變成防禦北部邊患的大後方與根據地。于是，沿黄馬道、沿黄河運與萬里茶道、草原絲路等陸路運輸聯通起來，促進了中華文明與其他文明的交流互鑒，拓展了新的發展空間。

新中國成立之後，沿黄各族兒女在中國共産黨的領導下團結合作、艱苦奮鬥，實現了大河安瀾。黄河流域建立起行之有效的防洪抗汛機制，支撑着沿岸的産業發展，改善了周邊生態環境。當代治黄史證明，正是由于中國共産黨的正確領導以及集中力量辦大事的制度優勢，纔從根本上減輕了河患的威脅。進入新時代，黄河流域在築牢安瀾根基的同時，以蓬勃活力拓展着中國的發展空間。沿黄九省區在協同發展中不斷釋放潛力，讓黄河流域成爲國家區域協調發展戰略中不可或缺的重要一極，爲中國的發展源源不斷地注入新動能。

綜上所述，黄河流域的治理不是單純的河道治理、生態環境治理或社會治理，而是一種關涉水、沙、産、人四者關係的系統性、協同性治理，是推動國家可持續發展的動力，也是厘清國家治理與邊疆治理兩者動態交互實際效果的絶佳視角。而黄河工程等『中國本土理論資源、學術積纍』〔二十〕，有助于研究國家治理的演進歷程。進入新時代，黄河治理與國家治理的關係研究不斷開闢新視角、持續涌現新成果，其中鑄牢中華民族共同體意識、邊疆治理與黄河流域生態保護和高質量發展成爲非常重要的研究視角。因此，基于這一角度搜集整理黄河國家治理文獻，意義重大。《黄河國家治理文獻集成》，應運而生。

本叢書系統梳理了黄河治理的歷史脉絡與經驗，既爲新時代黄河流域生態保護和高質量發展提供了歷史鏡鑒，更以文獻爲載體，傳承了治理智慧、凝聚了民族力量，是服務國家發展戰略、鑄牢中華民族共同體意識的重要學術實踐。

《黄河國家治理文獻集成》編委會

二〇二五年一月

〔一〕韓建業：《中華文明的起源和形成》，載《中華民族共同體研究》2022 年第 4 期，第 80–91+172 頁。

〔二〕中共中央馬克思恩格斯列寧斯大林著作編譯局：《馬克思恩格斯選集》第二卷，人民出版社，2014 年，第 240 頁。

〔三〕嚴文明：《黄河流域文明的發祥與發展》，載《華夏考古》1997 年第 1 期，第 49–54+113 頁。

〔四〕（漢）班固：《漢書》卷二十九『溝洫志第九』，中華書局，1964年，第1692頁。

〔五〕（漢）司馬遷：《史記》卷六『秦始皇本紀第六』，中華書局，1963年，第252頁。

〔六〕冀朝鼎：《中國歷史上的基本經濟區與水利事業的發展》，朱詩鰲譯，中國社會科學出版社，1981年，第7頁。

〔七〕（漢）司馬遷：《史記》卷二十八『封禪書第六』，中華書局，1963年，第1398–1399頁。

〔八〕（漢）司馬遷：《史記》卷三十『平準書第八』，中華書局，1963年，第1441頁。

〔九〕（漢）班固：《漢書》卷二十九『溝洫志第九』，中華書局，1964年，第1686頁。

〔十〕（漢）司馬遷：《史記》卷二十四『樂書第二』，中華書局，1963年，第1178頁。

〔十一〕（漢）司馬遷：《史記》卷三十『平準書第八』，中華書局，1963年，第1420–1421頁。

〔十二〕（清）方家駒修，（清）王文員纂：《汾陽縣志》卷十三『藝文』，清光緒十年刻本，第57–58頁。

〔十三〕王華棠、劉錫彤、吴樹德：《黄河中游調查報告》，華北水利委員會編印，1934年，第1頁。

〔十四〕（漢）司馬遷：《史記》卷十五『六國年表第三』，中華書局，1963年，第758頁。

〔十五〕王利器：《鹽鐵論校注》，中華書局，1992年，第28頁。

〔十六〕綏遠通志館：《綏遠通志稿》第十册，内蒙古人民出版社，2007年，第176頁。

〔十七〕臨縣志編纂委員會：《臨縣志》，海潮出版社，1994年，第273、321頁。

〔十八〕趙爾巽等：《清史稿》卷一二六『河渠一』，中華書局，1977年，第3715頁。

〔十九〕劉惠：《乾隆朝重構黄河河源的實踐與國家認同》，載《清華大學學報》（哲學社會科學版）2018年2期，第147–154+195頁。

〔二十〕許耀桐：《當代中國『治理』概念的演進探析》，載《國家現代化建設研究》2023年3期，第100–111頁。

出版前言

黄河，中華民族的母親河，她不僅孕育了中華文明，更見證了中華民族數千年的發展歷程。習近平總書記深刻指出：『從某種意義上講，中華民族治理黄河的歷史也是一部治國史。』這一重要論述，爲新時代黄河文化的保護傳承以及流域治理提供了根本遵循，也深刻揭示了黄河治理在國家發展和民族復興進程中的核心地位。在學習貫徹習近平新時代中國特色社會主義思想，積極響應國家黄河流域生態保護和高質量發展重大戰略，大力推進北疆文化建設的背景下，《黄河國家治理文獻集成》的編纂出版，具有重要的歷史意義、學術價值與現實指導意義。

黄河治理，自古以來就是國家的頭等大事。從遠古時期大禹治水，到當代運用科學技術進行系統治理，中華民族在數千年的時間裏，積纍了豐富的治河經驗，留下了浩如烟海的文獻遺産。《黄河國家治理文獻集成》收録了元代至民國時期古籍、朱批奏摺、期刊圖片等多模態文獻資源。這些文獻内容豐富、維度多元，既包含記載河工技術、治理方略等的專書，又有漢文朱批奏摺、工程檔案以及不同區域的調查研究報告等。民國時期的文獻則標志着現代水利科學開始融入黄河治理，展現了我國水利事業在時代變革中的創新與發展。近代照片的收録則以更加直觀的方式將黃河治理、黃河沿岸的風貌呈現給讀者。

該文獻的出版，不僅是對瀕危黃河文化遺産的及時搶救與保護，更是對我國水利史、國家治理史、邊疆治理研究學術鏈條的重要補充，具有較高的文獻價值和學術意義。尤爲重要的是，這一集成工作，深度契合鑄牢中華民族共同體意識這一全黨全國各族人民的共同任務。各民族在治理黃河的歷史進程中，緊密協作、共同探索，這些珍貴文獻便是各民族交往交流交融和中華文明認同的生動見證。對這些文獻進行整理出版，能够讓各族人民更加深刻地認識到，在歷史長河中，各民族共同爲黃河治理貢獻了力量，共同守護了家園，從而進一步增强對中華民族共同體的認同感與歸屬感，夯實鑄牢中華民族共同體意識的歷史根基。

《黃河國家治理文獻集成》以『國家治理』爲核心綫索，構建起一個全面、系統、多維的文獻體系：在時間跨度上，聚焦從元代至民國這一傳統治河向現代水利轉型的歷史時期，爲深入研究我國水利事業的發展脈絡提供了清晰的時間坐標；在内容分類上，細緻劃分爲技術專著、工程檔案、區域研究、朱批奏摺、科學報告、圖片等類別，涵蓋黃河治理的各個方面，從不同角度展現了我國在黃河治理上的探索與實踐；在版本選擇上，秉持嚴謹、科學的態度，確保文獻内容的準確性與代表性，爲學術研究奠定堅實基礎。

在編纂過程中，叢書特別注重『全流域治理』的理念，不僅收録了有關下游防洪治河的重要文獻，還涵蓋了中游地區水土保持以及上游地區灌溉開發等方面的珍貴記載。這種對黄河全流域治理的全方位關注，與當前『共同抓好大保護，協同推進大治理』的要求高度契合，充分體現了叢書在傳承歷史文化遺産的同時，緊密服務于當代國家發展戰略的時代價值。

在出版過程中，嚴格保持原書的版式與行款，最大程度地還原文獻原貌。對于部分出現黴變、殘缺的頁面，運用先進的數字化修復技術進行精心處理，在保留原始批注與印章痕迹的基礎上，兼顧了文物的真實性與文獻的可讀性。

此外，爲了更好地服務讀者，方便學術研究，本叢書新增了目録、提要等内容，這些新增部分由編委會精心撰寫。新增目録一般編製二級，個别圖書編製三級；原書有目録而内文無對應標題的，根據原書目録照録；原書目録爲關鍵詞或者其他情況的不編製目録；原書目録與内文不一致的，以原書内文爲準；原書無目録的，按卷端、版心或其他部分輯録；一册書中收録多種圖書的，以書名爲一級標題，編製二或三級。在文字使用上，統一使用現代漢語規範繁體字，對于原版文獻中的异體字、避諱字也使用現代規範繁體字，無對應規範繁體字的保留原字。

《黄河國家治理文獻集成》的出版，是對黄河文化遺産的一次系統性、搶救性保護，具有重大而深遠的現實意義：從學術價值層面來看，叢書成功構建起一座連接傳統與現代治黄文獻的橋梁，爲黄河流域生態保護、水利工程史、國家治理史、邊疆治理、中華民族共同體學等多個領域的學術研究提供了豐富、翔實的基礎文獻，有力推動了相關學科的發展與創新；從文化價值角度而言，生動展現了北疆文化與黄河文化在歷史長河中的交融共生，爲内蒙古『北疆文化』品牌建設提供了堅實的文獻支撑，進一步豐富了中華文化的内涵與外延；從實踐價值方面考量，書中所藴含的治河理念爲我們在新時代背景下實現人與自然和諧共生、推動黄河流域可持續發展提供了寶貴的歷史經驗與智慧啓示。

在此，我們要衷心感謝各藏書機構的大力支持，正是他們提供了珍貴底本資源，纔使得本叢書的編纂出版成爲可能。同時，我們也要向文化遺産智能應用服務中華民族共同體建設『英才與蒙』團隊致以崇高的敬意，他們歷經五年的辛勤耕耘，以嚴謹的治學態度和專業的學術素養，對文獻進行了系統的整理和輯録，爲叢書的内容質量提供了堅實保障。此外，我們還要特别感謝内蒙古自治區黨委宣傳部、内蒙古出版集團將本叢書納入『北疆文庫』重點項目，并在出版過程中給予全方位支持與幫助。

我們衷心期待，這套凝聚着無數心血與智慧的《黄河國家治理文獻集成》，能够在新時代的『黄河大合唱』中奏響歷史的强音，爲黄河流域生態保護和高質量發展注入强大的歷史動力，讓黄河文化在保護中傳承，在傳承中創新，在創新中不斷發展，綻放出更加絢爛的光彩。同時，希望這套叢書能够成爲促進各民族文化交流、鑄牢中華民族共同體意識的重要載體，助力各民族更加緊密地團結在一起，共同爲實現中華民族偉大復興的中國夢而努力奮鬥，讓中華民族共同體意識在黄河文化的滋養下，扎根于每一位中華兒女的心中，成爲推動中華民族不斷前進的强大精神力量。

提要

大禹治水之科學精神——黄河治本探討

《大禹治水之科學精神——黄河治本探討》，沙玉清著。沙玉清，字叔明，江蘇江陰人，農用水利學家、教育家，我國現代農田水利學科奠基人，著有《農田水利學》《泥沙運動學引論》等。本書系統探討了大禹治水所體現的科學精神及其對現代黄河治理的啓示，爲研究黄河治理的歷史經驗與現代治水方法提供了重要參考。

綏遠河套治要

《綏遠河套治要》，周頌堯著。一九二四年鉛印出版。本書全面梳理了河套地區的地理環境、社會經濟與水利發展狀況，深入分析了當地水利工程的成就與困境，是瞭解民國時期河套治理與區域開發的重要文獻。

綏遠省民生渠水利公會第一届報告

《綏遠省民生渠水利公會第一届報告》，綏遠省民生渠水利公會編。本報告記録了民生渠的規劃建設、管理體制及運營實況，爲研究民國時期地方水利組織的運作模式與工程實踐提供了珍貴的一手資料。

西北水利問題提要

《西北水利問題提要》，黄河水利委員會編。本提要係對西北地區水利問題的系統性研究報告，内容涵蓋黄河及其主要支流的水資源狀况、航運條件、灌溉開發等方面的現狀與挑戰，反映了當時對西北水利治理的初步探索與政策思路。

目録

大禹治水之科學精神——黄河治本探討 一
綏遠河套治要 一〇五
綏遠省民生渠水利公會第一届報告 二〇一
西北水利問題提要 三三九
後記 三四七

沙玉清著

大禹治水之科學精神——黄河治本探討

國立西北農學院農業水利學系印

中國工程師學會
各專門工程學會蘭州聯合年會論文

水利工程組

大禹治水之科學精神——黄河治本探討

沙玉清 著

國立西北農學院農業水利學系

紀念吾師李儀祉先生

大禹治水之科學精神——黄河治本探討——

目次

一、導言
二、黄河之泥沙
三、黄水之性質
四、黄水之流速
五、黄水之含泥量
六、黄水之挾沙量
七、含泥量與挾沙量之比較
八、黄河之年齡
九、黄河之流域

十、黄河之比降
十一、黄河之横斷面
十二、黄河之流量
十三、黄河之含泥量
十四、黄河之沖積
十五、黄河之病徵
十六、治黄目的
十七、治黄先決問題
十八、如何減少地面沖刷
十九、如何防止兩岸坍塌
二十、如何減少上游含泥量

二十一、如何促進下游含泥量
二十二、如何降低下游洪水位
二十三、如何固定下游河床
二十四、如何疏水利農
二十五、黃河治本方策
二十六、大禹治河之聖蹟
二十七、河患之始
二十八、結言

（一）導言

黃河，吾華文化之搖籃也，國族之大動脈也。動脈既病，四肢失和，漸呈衰頹之象。噫！豈黃河真病哉！譬如婦人裹足，寸步難行，非天賦之病，乃自造之孽耳。語云：『不聽老人言，吃虧在眼前』。「老人」者，「經驗」之別號，「真理」之化名也。大禹，建國之老人也。後人不能遵守其遺教『古代應以疏導為主，而以濬淤為本』，河患始生；於今益烈，良可痛矣。

「治水」科學事業也。所謂「科學」者，乃人類生存競爭當之實，歷萬千創造之嘗試，成敗之教訓，所得有系統之智識也。且夫科學之精神，在尋求真理，以辨別是非。是以一理論而自相矛盾者，必有其一爲是而另一部爲非。譬如大禹治水以「疏導爲主」，故「導河至於大邳，乃廝二渠」。

復播為九河，終則盡力於濬淤」，其有一貫之精神與理論者，是乃「科學」也，「真理」也。反之，「若潘季馴既主張『以隄束水，以水攻沙』之論，而又謂『隄欲遠，遠則有容，而水不能溢』」，前後矛盾，無一貫之精神者，其理論必有一部為是，一部為非，或則二者全非，其非「科學」也，非「真理」也，明矣。

抑尤有進者，「科學」必有其一定之立場，有一定之目的。譬如服藥以療疾，科學也，服藥以強身，則非科學矣，運動以強身，「科學也」，若強而病劇，亦科學也。是以築隄以障水，科學也，築堤以治水，則非科學矣。疏導以治水，科學也，水治而患少，亦科學也。

黃河之弊，莫不知其由於善淤善決善徙，而徙由於決，決由於淤，淤由於黃水含泥能力之減弱也。本文首述河水含泥之能力，與其前「黃河為患之原因」，而擬定治本之方策，闡明「禹之治水」，無往而不深合科學原理，無往而不以全民族之福利為前題。孟子曰：「禹之治水，水之道也」，亦即吾華先民，歷數千萬年，謀生存於斯土，與水鬥爭（防洪），且為水鬥爭（灌溉），所得寶貴之教訓，治水之真理也。

（二）黃河之泥沙

黃水所挾之土質，顆粒徑不同，約可別為「泥」「沙」兩種。凡粒徑小於〇·〇二公厘者曰「泥」，大於〇·〇二公厘者曰「沙」。泥則浮游於水中，沙則滾轉於河床，二者性質迥異，其沖積淤澱亦殊。故欲研究黃河挾運土質之能力，應將泥沙分別探討之。普通水文站所測定之「挾沙量」，實為「含泥量」。今後均應急加改正，以免吾國河工仍停滯於「含糊」之中也。

河泥之來源，概為上游流域內之黃土（兼有紅土）。按黃土土質疏鬆，其顆粒均小於〇.二公厘，極易為雨水沖刷，浮盪於水，曰「黃水」。「黃水」流至下游，比降漸緩，含泥能力減弱，乃棄其過剩之土，淤積而下，成為「膠土」（或稱沖積黃土）。黃河下游之偉大三角洲，概由此種長期（約五萬年）之沖積作用所造成，簡稱「黃河沖積平原」。

黃河上游之岩層，經自然風化作用，剝食而成碎屑，隨水而下，成為河沙，沙粒在河床滾轉，互相撞擊磨蝕，減其重量，故愈向下游顆粒愈細。設P為沙粒原來重量，l為沙粒滾轉之行程，dP為沙粒經l後所磨蝕之重量，則得公式如下：

$$dP=-CPdl$$

$$\log_e P=-Cl+C$$

設 $l=0$ 時，則 $P=P_0$

故得 $\log_e P_0 = C$ ……………………(3)

$$\log_e \frac{P}{P_0} = -Cl \quad \cdots\cdots (4)$$

或 $P = P_0 e^{-Cl}$ ……………………(5)

式中 P_0 為沙粒原來之重量，P 為行程 l 後之重量，C 為沙質磨蝕係數，視沙之種類而定。著者研究黃河沙粒之磨蝕係數，平均得 $C=0.004$（即一公斤沙粒，行程為一公里之磨蝕量）故得黃河沙粒之磨蝕公式如下：

$P = P_0 e^{-0.004l}$ ……………………(6)

按沙粒重量與粒徑之立方成正比例，故可得下式：

$d = d_0 e^{-0.00133l}$ ……………………(7)

式中d_0為沙粒原來之直徑（mm），d為行程L（Km）後，沙粒之直徑（mm）。設有沙一粒，其直徑為二公厘，所經行程與逐漸磨蝕之關係如下表。

表一　沙粒之磨蝕率

粒徑（mm）	行程（Km）
2.00	0
1.53	200
1.04	500
0.53	1000
0.27	1500
0.14	2000
0.07	2500

由上表可見，黃河沙粒，愈至下游愈細，迄魯境河口，自潼關

開始流入之河洲，概已磨成河泥矣。

（三）黄水之物理性

黄水内所含之泥量，曰「含泥量」（P.），常以泥重佔黄水總重量之「百分率」示之。黄水含泥加多，則其單位重量（即比重）以及「滯性率」，均隨之增大。「滯性率」除以「比重」得「動滯性率」。茲將普通河水溫度（攝氏十八度至二十度），黄水之「含泥量」，「比重」，「滯性率」，「動滯性率」四者之關係，列表如下：

表二　黄水之物理性表

含泥量 P.	比重	滯性率 T/Sec.m.	動滯性率 m²/Sec.
0（清水）	1.00	0.00000103	0.00000103
5	1.03	0.00000122	0.00000115

10		1.05	0.00000140	0.00000134
20		1.12	0.00000181	0.00000162
30		1.17	0.00000220	0.00000191
40		1.22	0.00000265	0.00000218
50		1.26	0.00000314	0.00000249

故得含泥量P，與動滯性率K之關係如下式：

$$K=0.00000103+0.000000029P \quad \cdots\cdots(5)$$

（四）黃水之流速

近代計算河流之流速，以滿甯（Manning）公式爲最便宜，亦相當準確，其式如下：

$$V = \frac{1}{n} R^{\frac{2}{3}} S^{\frac{1}{2}} \quad \text{------} \quad (9)$$

式中V為流速(m/sec.)、R為徑深(m.)、S為比降、n向稱「糙率」。「但n之值、不僅視河床之粗糙程度而定、且隨流量大小、斷面形式、水流渦動情形、含泥量多寡而變、其關係至為複雜。僅稱「糙率」、殊欠適當。著者取其倒數($\frac{1}{n}$)、命名「暢率」M。(其因次為$m^{\frac{1}{3}} sec.^{-1}$)河床「暢率」愈大、則流水愈覺通暢也。如下式：

$$V = M R^{\frac{2}{3}} S^{\frac{1}{2}} \quad \text{------} \quad (10)$$

普通河工設計、選擇確當「暢率」、向感困難。著者分析黄河下游之「暢率」、得公式如下：

$$M = 64 - \frac{467}{\sqrt{Q}} \quad \text{------} \quad (11)$$

式中Q(C.M.S.)為流量、可見暢率與流量成正比、蓋流量愈小，則水愈淺，床面沙粒糙性，所影响之程度愈大，水流渦動愈烈，暢率隨之減小（見圖一）。

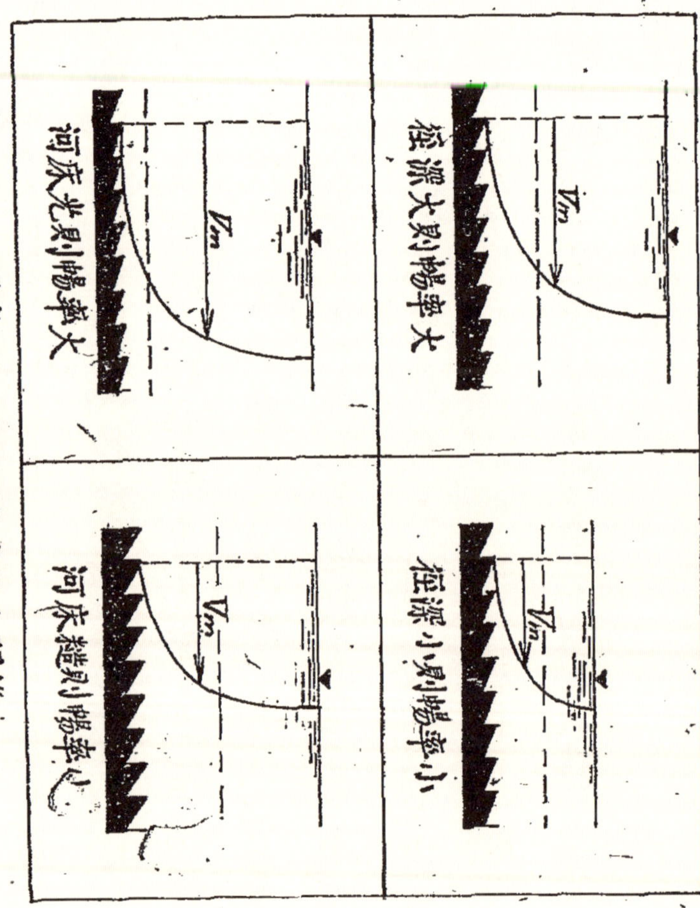

第一圖　暢率與徑深及河床光糙之關係

湳

漢寧流量公式，因便於計算，故所得比降S之指數為$\frac{1}{2}$，徑深R之指數為$\frac{2}{3}$，但實際不止此數，且非一定值，（隨比降而變）該式且未計及含泥量，在含泥量較大之處，應加改正。

著者研究黃河之流速，得以下列純粹指數公式表示之。

$$V = MR^{b}S^{c} \quad\text{……}(12)$$

式中M為「暢率」，其值隨河床每單位面積之摩擦力「F」及水流渦動之程度（包括含泥量）而定。渦動之程度曰「渦率」（Reynolds Number）以「Re」示之。單位面積摩擦力「F」，及渦率「Re」，如下式：

$$F = \frac{\nu K}{V} \times \rho g \quad\text{……}(13)$$

$$Re = \frac{VR}{\nu} \quad\text{……}(14)$$

式中S為比降，R為徑深（m.），V為流速（m/sec.），g為重力加速率（m/sec²），隨含泥量而變，（見表二）。對於某一定比降S，將單位摩擦力「F」，與其相應之「濁率」「Re」，繪於對數方格紙上，當成一直綫。該直綫之公式如下：

$$F = A R_e^{\,m} \quad \cdots\cdots(15)$$

式中A為常數，m為該直綫之傾度。經將「F」（第13式）「Re」（第14式）代入上式（第15式）解之，則得：

$$V = \left(\frac{2g}{AK^{m}}\right)^{\frac{1}{2-m}} R^{\frac{1+m}{2-m}} S^{\frac{1}{2-m}} \quad \cdots\cdots(16)$$

$$M = \left(\frac{2g}{AK^{m}}\right)^{\frac{1}{2-m}} \quad \cdots\cdots(17)$$

$$b = \frac{1+m}{2-m} \quad \cdots\cdots(18)$$

$$C = \frac{1}{2-m} \quad \cdots\cdots(19)$$

$$b = 3C - 1 \qquad (20)$$

黃河下游，m及A之值如下：

$$m = 0.2 \log S + 1.043 \qquad (21)$$

$$A = 10^{13m-4} \qquad (22)$$

著者之黃河流速公式，形式上似較滿氏式為複雜，但精密程度則遠過之，若河流比降已知，則可代入（第21式）求m，由m定A、b、C、M，而得一簡式，以供設計時應用，例如黃河下游壽張至利津之比降，平均為0.0001一下代入上式即得簡式如下：

$$V = \frac{102}{1+0.0025P} R^{0.685} S^{0.572} \qquad (23)$$

式中P為含泥量，可見含泥量增加則水流凝滯，「攜帶率」隨之減低，但其影响殊微，例如第23式，黃水含泥量增百分之四始影响流速百分之一，含泥量增至百分之四十，始能減低流速百分之十也。

（五）黄水含泥量

黄水之含泥量，視流水本身所具之含泥之能力及上游供給之泥量而定。黄水含泥量達最高點，曰「飽和量」「Ps」。飽和量之大小，即足以代表含泥能力之大小，倘黄水之含泥量，因上游供給缺乏，低於飽和量時，則尚有餘力，攝取河底及兩岸之泥土，而生冲刷，反之則生部分淤積。

著者研究黄水之飽和含泥量「Ps」（即含泥能力），得公式如下：

$$P_S = 6500 S \sqrt[4]{\frac{R}{V^3}} - \frac{0.074}{\sqrt[3]{R_e}} \quad \cdots\cdots(24)$$

本公式適應範圍，含泥量須在一·〇以上，（在一·〇以下之含泥量定律，爲膠質化學範圍，其定律尚待研究。）式中S爲比降，R爲徑深（m），V爲流速（m/sec.），Re爲濁率，假定河流之平均流速，得以滿甯公式示之，代入第24式，則得公式如下：

$$P_S = \frac{6500 S^{\frac{5}{8}}}{M^{\frac{3}{4}} R^{\frac{1}{4}}} - \frac{0.074}{R_e^{\frac{1}{3}}} \quad \cdots\cdots(25)$$

由上式探討流水之含泥能力，得結論如下：

一、流水含泥能力，與比降$S^{\frac{5}{8}}$成正比，蓋S愈大，則流水行經一定距離，消耗之能力愈大，挾運之泥土亦愈多。

二、流水含泥能力，與「暢率」$M^{\frac{3}{4}}$成反比，蓋「暢率」M愈大，則河床愈光，水流愈穩，其因黃水鑠過床面，所激起之向上

分力愈微，渦動愈減，故含泥能力愈弱，見圖（二）

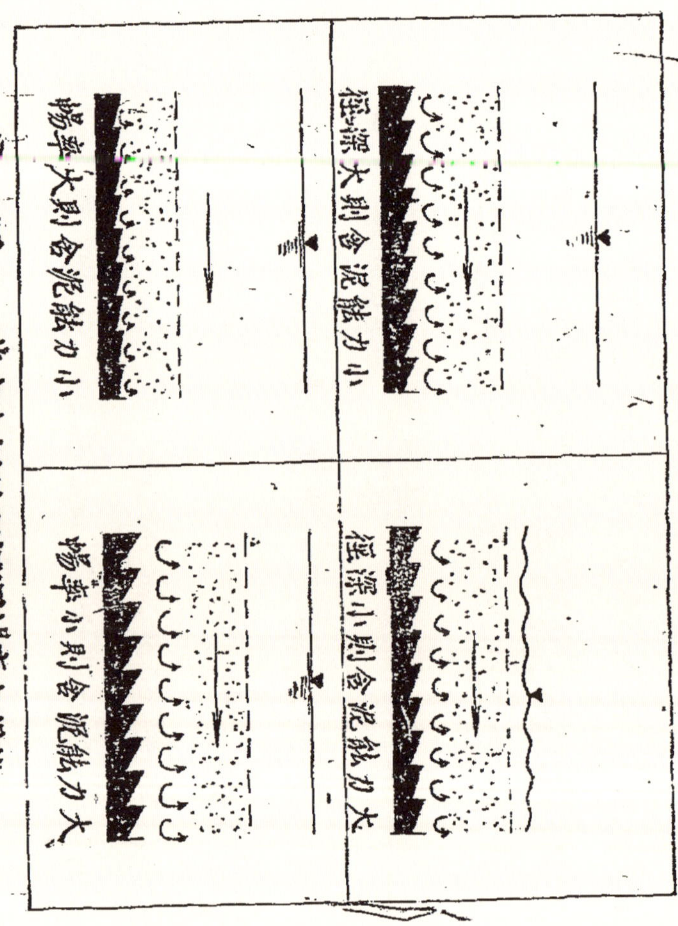

第二圖　黃水含泥量與徑深暢率之關係

三、流水含泥能力，與徑深成反比。蓋徑深愈大，則黃水愈深，水壓愈大，黃水繞過底面，所激起之向上分力愈弱，其所影響之範圍亦愈小，含泥量能力隨之愈減。（含[illegible]）

四、流水含泥能力與「渦率」[illegible]成正比。蓋流水渦動程度愈高，則黃水內部之激動愈烈，含泥能力愈增，但其影響較上列三者為微。

按著者含泥量公式，係由水槽內實驗而得者，適用於整齊穩定之黃土渠道。至於天然河流，常因洪水峯之起伏，比降可較平均比降，大至二至三倍，且河床凹凸曲折，有激湍並水渦，週旋之勢，故含泥量約可增至二至三倍。又普通河流之渦率，當在一〇,〇〇〇,〇〇〇以上，故著者含泥量公式後者之值，極為微小，可以剛去，因得下式：

$$P_5 = \frac{2000S^{\frac{5}{8}}}{M^{\frac{3}{4}}R^{\frac{1}{4}}}$$（黃河含泥量）——— （26）

但為安全計，仍以用著者原式計算為妥。

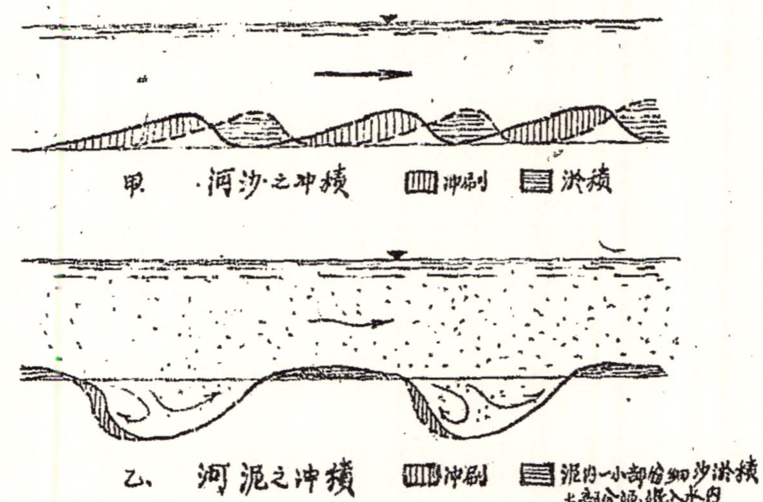

第三圖　河沙及河泥之冲積

(六)黃水挾沙量

沙為滾轉於河床之重質(直徑大於0.2公厘),常呈起伏之波形,沙粒前俯後繼,緩緩向前移動(見圖三)

河床每單位寬(m)每單位時間(sec),所移動之沙量曰「挾沙率」,以「G」示之,單位為(公斤/m.sec),河流之挾沙率,視流量q=(m³/sec),比降S,沙粒直徑d(mm)而定,如下式:

$$G=\frac{1700}{\sqrt{d(mm)}}S^{\frac{3}{2}}(q-q_0) \cdots\cdots (17)$$

式中G為「挾沙率」,(kg/m.sec),S為比降,d為沙粒直徑(mm),q為流量(m³/sec.m),q_0為臨界流量(m³/sec.m),臨界流量之意義,即河流之流量,需至此程度,河床沙粒開始移動,假定沙粒之直徑為均等者,則其臨界流量,可由下式得之:

$$\frac{g}{c^2}=\frac{1.944\cdot10^{-8}}{S^{\frac{1}{4}}}d \qquad (28)$$

普通河流之$\frac{g}{c^2}$值，佔極小部分，當可略去不計，設河流之水深等於徑深R，則流量q（$m^3/sec.m$）如下式：

$$q=RV=MR^{\frac{5}{3}}S^{\frac{1}{2}} \qquad (29)$$

代入第27式，則得：

$$G=\frac{7000M}{\sqrt{d}}S^2R^{\frac{5}{3}} \qquad (30)$$

由上式探討流水之挾沙能力，得結論如下：

一、水流之挾沙能力，與比降S^2成正比，蓋流水行經一定距離所消耗之能量愈大，則其推移之沙量亦愈多。

二、流水挾沙能力，與「徑深」$R^{\frac{5}{3}}$成正比，蓋「徑深」愈大，則水愈深，沙粒上所受之推力，亦愈大。（見圖四）

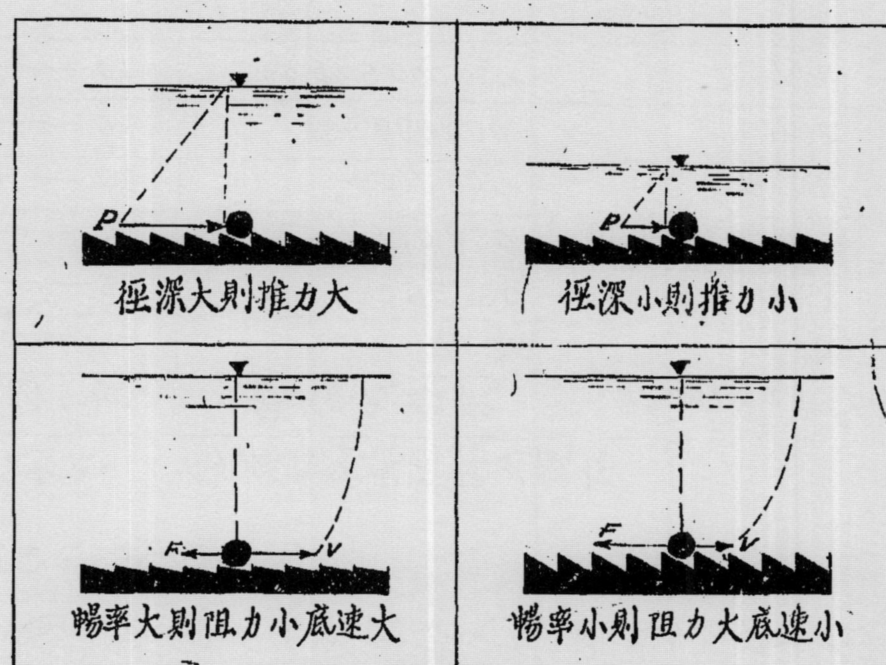

第四圖　黃水挾沙量與徑深暢率之關係

三、流水之挾沙能力，與「暢率」「M」成正比，蓋「暢率」愈大，則河槽愈光，河床之流速愈形增大，推進之沙粒前進亦愈速。

（[illegible]四四）

四、河水挾沙能力，與沙粒直徑$d^{\frac{1}{3}}$成反比，蓋直徑愈小，則沙粒之表面積愈大（該沙粒之總重量相等）愈易被流水推轉而移動也。

表三 沙粒直徑與面積之關係

粒徑(mm.)	每Kg.之粒數	表面積 m^2/Kg.
3 —— 6	7,425	0.503
1.5 —— 3.0	86,390	1.135
0.8 —— 1.5	710,800	2.227
0.4 —— 0.8	4,272,500	4.125
0.1 —— 0.4	136,680,000	8.402
0.0 —— 0.1	1,429,000,000	28.741

第27式之「挾沙率」G，指河床每單位寬（m），每秒所移動之沙量（Kg），若將其單位改為移動之沙粒之重量（噸），所佔流水重量之百分率，則曰「挾沙量」Gs，其公式如下：

$$G_s = \frac{700}{\sqrt{d\,(mm)}} S^{\frac{3}{2}} \qquad (31)$$

「可見黄水之挾沙量，與比降 $S^{\frac{3}{2}}$ 成正比，而與沙粒之直徑 $d^{\frac{1}{2}}$ 成反比。若河床某段之比降及沙粒直徑不變，則「挾沙量」當為一常數。易言之，即上游輸入之沙量，即等於下游輸出之沙量。河床無沖無積，而呈平衡狀態，該時之比降曰「平衡比降」。其沙粒直徑曰「平衡粒徑」。

（七）含泥量與挾沙量之比較

河流某段之挾沙量（Gs）與其含泥量Ps之比，曰「挾沙比量」η，如下式：

$$\eta=\frac{G_s}{P_s}\cdots\cdots\cdots\cdots(32)$$

將第31式及第25式，代入上式，則得

$$\eta=\frac{M^{\frac{3}{4}}R^{\frac{1}{4}}S^{\frac{3}{8}}}{9.3\sqrt{d}}\cdots\cdots\cdots\cdots(33)$$

可見「挾沙量」η，與「暢率」、「徑深」、「比降」成正比，而與沙粒直徑成反比；黄河下游之「暢率」、「徑深」、「比降」，均有一定限度，今取其最大值，並取沙粒直徑之最小值，如下：

$M=64$，　$S=0.0002$；　$R=8(m)$，　$d=0.1(mm)$。

代入33式以定黄河下游「挾沙比量」之最高值得

$$\eta_{max}=0.0074=0.74\%$$

可見黃河下游之挾沙量，僅佔含泥量之百分之〇．七四．是以吾人治理黃河應努力解決之目標，非滾轉於河床之沙，而為浮盪於水中之泥，即黃土也．而河流含泥量之能力與比降之關係最鉅，故探討河床之沖積問題，應以比降為主也明矣．

（八）黃河之年齡

宇宙間之現象，凡隨時間而消長者，均各有一定之壽命，黃河誕生於五萬年前，第三月球併入地球之日（見拙著黃土及黃水之認識）是乃生命之發始．惟因黃河流域雨量缺乏，每年發生造床作用（即沖積作用）流量在一〇〇〇秒立方公尺以上之時期，僅在七、八、九、十、四個月，約佔全年三分之一，餘則呈靜止之安賦狀態，故黃河實際之生活年齡，約為一萬二千餘年，遠較雨量豐富之揚子江為稚，故一切河性均屬幼年時期，或稱「荒漠時期」。

（九）黃河之流域

幼年時期之河流，比降大於「平衡比降」，冲積強盛，尚在不安定狀態。其流域概分為三部：

一、冲刷區（上游）河床因冲刷有下降之傾向。

二、集流積（中游）河床冲淤相等，保持平衡。

三、淤積區（下游）呈扇面形（通稱三角洲）河床因淤積，有上昇之傾向。

黃河流域陝縣以上為冲刷區，其面積約七三〇·〇〇〇平方公里陝縣至鞏縣為集流積，鞏縣以下，北至天津，南至淮陰，（三）之面積為淤積區，或稱黃河沖積平原，面積約五三〇〇〇〇平方公里。

（十）黃河之比降

河流之比降S，在河源最大，下游逐漸減緩，並與各該段沙粒之直徑，保持一定關係（第31式）在「平衡狀態」時，河床之縱斷面，呈一有規律之曲綫，惟此種曲綫，有時受支流影響，變化甚大，應加注意。

按壽南黃河沙粒磨蝕公式（第6式）如下：

$$P = P_0 e^{-0.004L} \qquad (33)$$

式中P_0為原來之沙重（Kg），P為行程L（Km）後之沙重（Kg），在、

「平衡狀態」時，河床各段沙粒之重量P，應與其比降S，成一定之比例，則

$$S=\frac{dh}{dl}=\alpha P_0 e^{-0.004l} \quad \text{——(34)}$$

式中α為比降係數，演化之，則得

$$dh=\alpha P_0 e^{-0.004l}dl=\beta e^{-0.004l}dl \quad \text{——(35)}$$

或 $$h=\beta e^{-0.004l}+C \quad \text{——(36)}$$

在 $l=0$ 時，則 $h=h_0$，或 $h_0=\beta+C$ ——(37)

因得黃河縱斷面公式如下：

$$h_0-h=\beta(1-e^{-0.004l}) \quad \text{——(38)}$$

式中h_0及h，各為0點及行程l（Km）後之海拔高度（m），著者研究黃河潼關至河口之平衡縱斷面，得公式如下

$$h_0-h=300(1-e^{-0.004l}) \quad \text{——(39)}$$

黃河之水面比降，平均約與河床比降相等。惟在漲水時，洪水峯前之比降，據著者分析，在灤口附近，最大可增至三倍，在陝縣附近，可增至四五倍（洪最大比降常在一峯未去，一峯又至，兩峯相疊之刹那間）。洪水峯後落水時之比降，約為地面比降之十分之八倍（80%）。此種現象於流量計算，應深加注意。（圖五）

黃河現在之比降，據張含英先生曾擬定如下表。

表四、黃河之比降

起迄地點	距離（公里）	高度差（公尺）	比降
鄂陵海至貴德	——	一六八〇	——
貴德至蘭州	二四二	八五五	〇·〇〇〇三五三

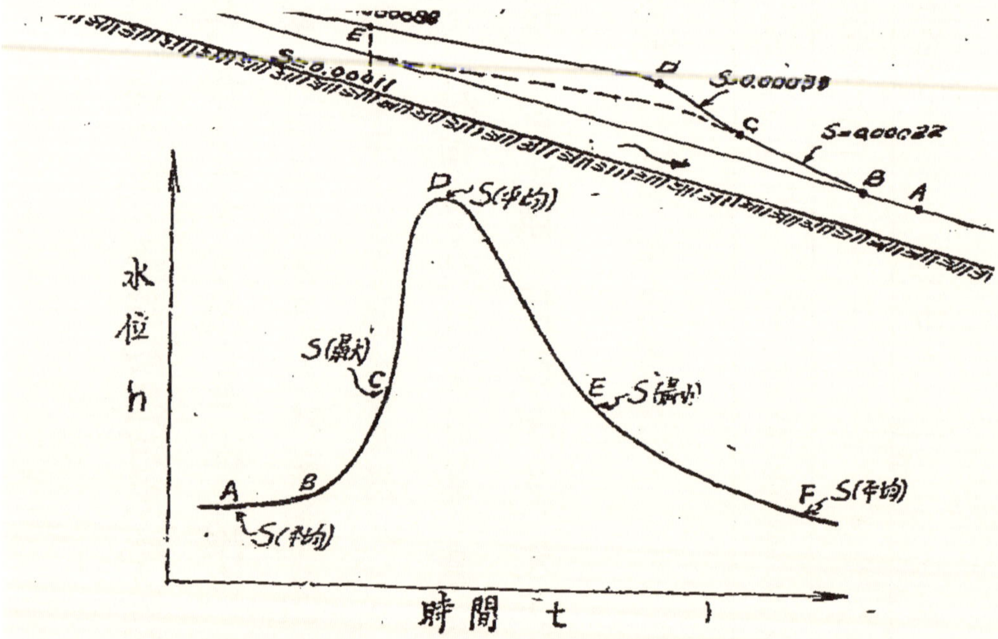

第五圖　黃河下游洪水位與比降之關係

蘭州至包頭	一三二六	六七〇	〇、〇〇〇五〇六
包頭至潼關	六〇〇	五九〇	〇、〇〇〇九九〇
潼關至陝縣	七三、八	三〇七	〇、〇〇〇四一六
陝縣至鞏縣	二三〇	一八三、六	〇、〇〇〇八〇〇
鞏縣至姚期營	四二、一	一一、一六	〇、〇〇〇二六五
姚期營至唐屯	二七九、一	四四六四	〇、〇〇〇一六〇
唐屯至十里堡	八〇、六	一〇、七四	〇、〇〇〇一三五
十里堡至濼口	一三二、八	一四五六	〇、〇〇〇一一〇
濼口至海口	二三二、四	二四、九〇	〇、〇〇〇一一〇

黄河現在之比降是否已達「平衡狀態」，容後節探討之。

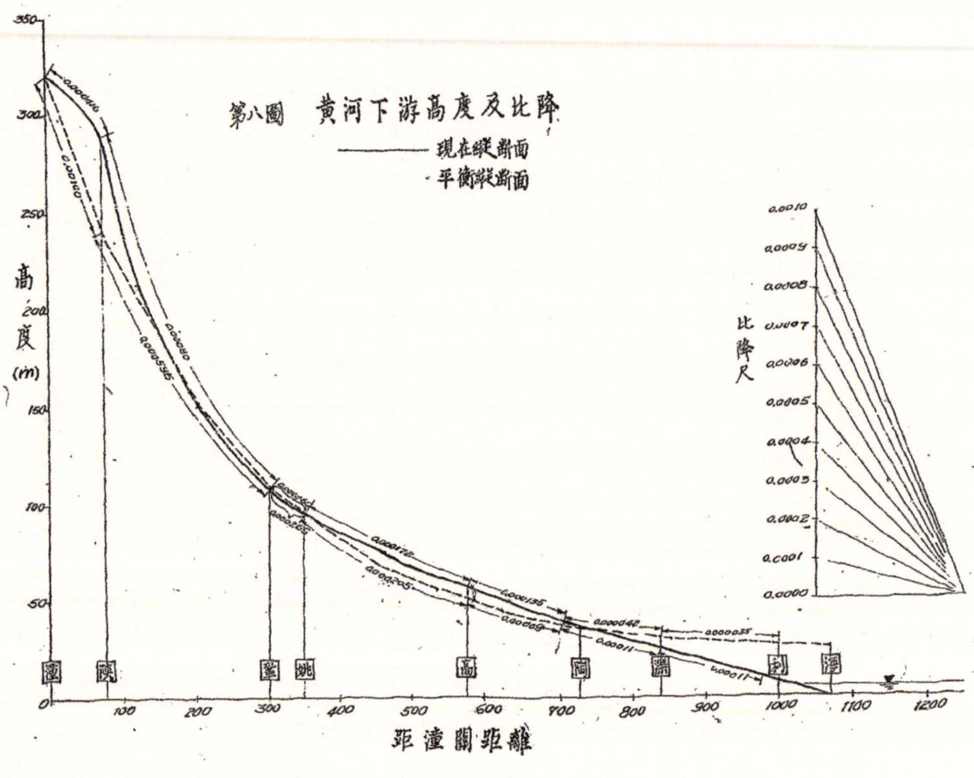
第八圖　黄河下游高度及比降
現在縱斷面
平衡縱斷面
高度(m)
比降尺
距潼關距離

(六) 黃河之橫斷面

河流之橫斷面，在上游爲深窄之谷，中游爲廣大之槽，至下游則爲寬淺之灘，或則分爲若干支流入海，河流始能保持其「平衡狀態」。此種現象，固爲吾人觀察無數河流，歸納而得之結論，但証諸近代水工學說，亦莫不相合。蓋河流愈近下游，其比降愈小，其勢（位能）愈弱，故必須遺棄一部分泥沙，使之淤積而墊高河床。蓋淤積之結果，即所以自行抬高其水位，而增加比降也。惟比降既增，其勢加大，勢大則床又刷，床刷則降又減矣。故河流各段，必自謀其均勢，使其比降適足以挾運上游輸入之「水」「土」，全部送至下游，河流愈至下流，則所受水量愈大，所挾泥量愈增，所需之斷面積亦隨之愈大。故河流必須自行寬廣其槽，始能完成其洩洪排土之任務，而得「平衡狀態」。

黃河之寬度概如下表：

表五：黃河之寬度

地點	河床寬度（公尺）	比降
蘭州	二〇〇	〇·〇〇〇三五三
寧夏	二，五〇〇	〇·〇〇〇五〇六
禹門	一〇〇	〇·〇〇〇九九〇
潼關	二，〇〇〇	〇·〇〇〇八一〇
孟津	一，〇〇〇	〇·〇〇〇六〇〇
開封	一〇，〇〇〇	〇·〇〇〇一六〇
濼口	一，二三〇	〇·〇〇〇一一〇

可見黃河自濼口以下，比降已緩至〇·〇〇〇一以下，而河床寬度反

因築堤而縮窄，「平衡狀態」大受破壞，此種違反自然之現象，乃為黄病之源。雖然，此種病症，黄河必能自行治療之，河床太深則淤墊之，坡降太弱，則泛濫之，堤距太窄，則衝決之，以謀自救之道，但吾民苦矣，吾族病矣。

黄河下游，因洪水量與低水量相差過鉅，故河床自演成複式斷面。此種斷面在漲水時，水面邊下中高，曰「晾脊」。所產生之副流，有刷深河槽，並將灘面淤泥，移至灘唇之作用，極為有利。惟在副流發盛之處，堤根灘面沖刷過甚，形成「串溝」，有引導大流逼近堤根之危險，應加注意。但在洪水落下時，水面邊高中下，曰「晾底」。其所產生之副流作用，適與前者相反，將灘唇泥沙，移至堤根及低水槽內。但因漲水速而落水緩，故後者所生之作用，不及前者

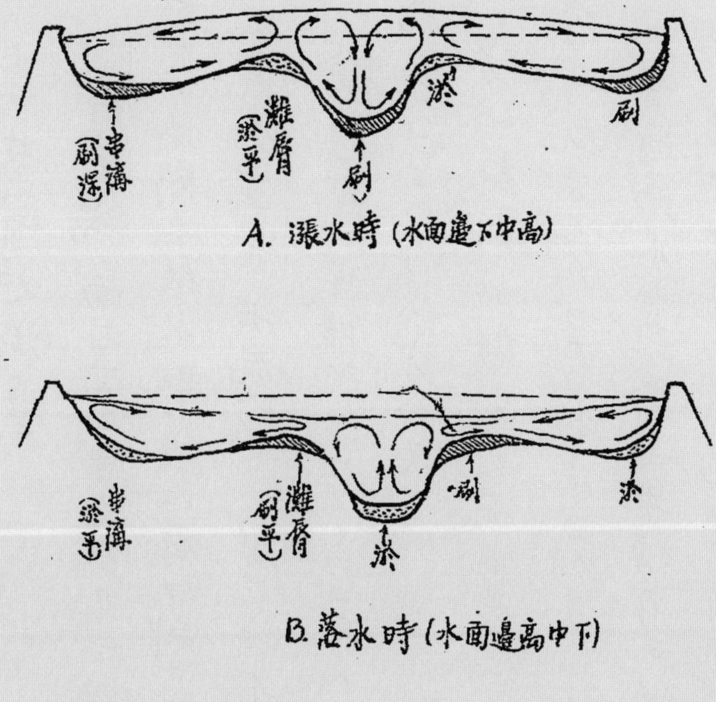

第六圖　黃河漲水及落水時之副流作用

（十二）黄河之流量

黄河流域，雨量集中七、八、九、十，四個月内，故流量亦於此時期内較大，餘則為低水期，且上游冲刷區域呈蒲扇形，偶遇暴雨，則各流集注潼關，洪流驟漲，下游堤不能容，則洪溢成災矣。

黄河最大可能之流量，曰「最大洪流量」，據張含英先生估計，約為三〇，〇〇〇秒立方公尺。

防洪計劃，所擬定之洪水量，曰「計劃洪水量」（約十五年出現一次）可規定為八，〇〇〇秒立方公尺，作下游防洪設計之標準。

「普通洪水量」，為每年均有可能出現之洪水量，規定為六，八〇〇秒立方公尺。黄河在七、八、九、十，四個月造床期之平均流量，曰「造床洪水量」，約估為二，三〇〇秒立方公尺。「平均水量」為全年流量之平均值，大於是者曰「高水量」，低於是者曰「低水量」。高水量時期約佔全年時間之四分之一，河流發生造床作用，低水量時期之河床，呈靜止狀態。黃河之平均水量，可規定為一，三〇〇秒立方公尺。

「低水流量」，為開發水利（如灌溉水電等）最重要之部分。黃河低水流量，有時雖降至二〇〇秒立方公尺，但通常均在二五〇秒立方公尺以上，茲將黃河各種流量，列表如下：（當之）

表六、黃河之流量

種類	流量（秒立方公尺）
最大洪水量	三〇，〇〇〇
計劃洪水量	八，〇〇〇
普通洪水量	六，八〇〇
造床洪水量	二，三〇〇

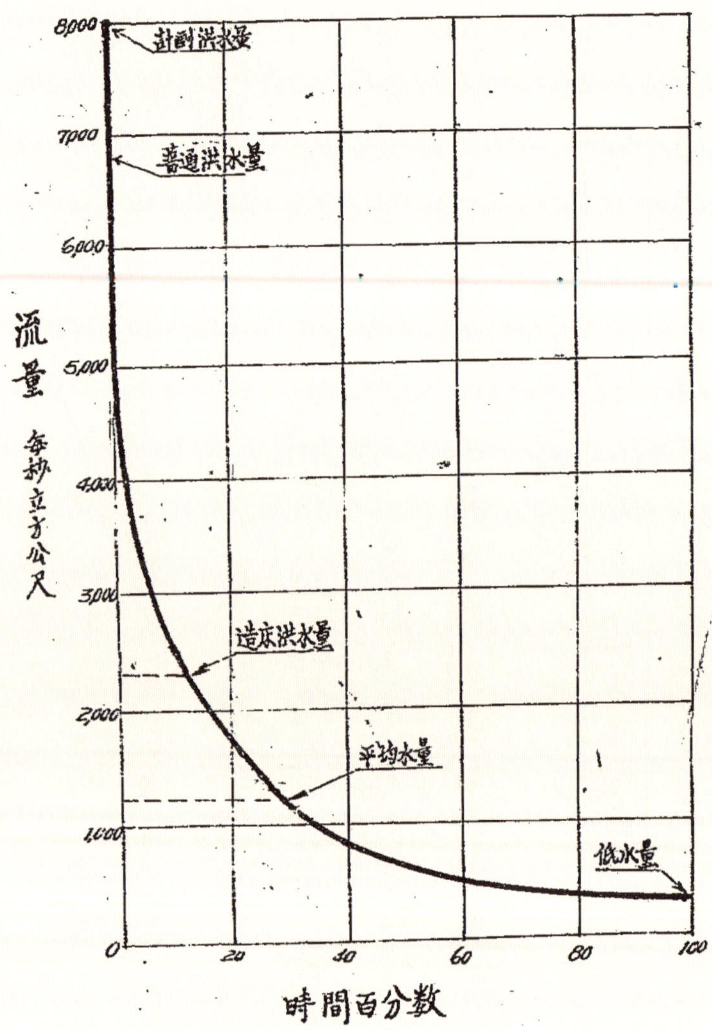

第七圖 黄河之流量

平均水量	一、三〇〇
低水量	二五〇

（十三）黃河之含泥量

接著看含泥量公式（第25式），黃水之含泥能力，與河床之比降成正比，而與徑深、暢率成反比。黃河之比降，上游大於下游，故河水含泥能力，亦隨之向下減弱，是以挾之泥，必將逐漸下淤，河床自墊，水位上升，終則決口改道，釀成巨災。但此僅就目前受吾人束縛之黃河言，至於自然之河道，具有天賦之智慧，雖其下游比降減弱，彼仍能自謀解決之法，使含泥能力仍不稍減，即寬展其斷面，降低「徑深與暢率」是也。後節詳論之。

黃河含泥量，氣在洪水初期為最大，但此種最大含泥量，為時甚暫，有時雖超過河床之含泥能力，發生部分淤積，但未幾即可為後來之流水沖刷之，故研究河流之含泥量，應以造床期間

（七八九十、四個月）之平均值爲合理。茲將黄河各地之最大含泥量及造床期平均值，列表如下：

表七、黄河之含泥量

地點	最大含泥量	造床期平均值
寧夏	三五	一、一
龍門	三八	—
潼關	一六	三、〇
陝縣	三七	四、〇
秦廠	一八	四、〇
濼口	一一	二、〇

黄河上游，以及其他各支流之含泥量，雖極鉅大，但因潼關、大荔、渭南之三角淀，有靜泥作用，故潼關之含泥量大爲降低，

至陝縣後增至最高點，陝縣至鞏縣為集、流積，呈平衡狀態，故含泥量概保持不變，鞏縣以下為淤積區，含泥能力愈向河口愈弱，故陝縣之含泥量記錄，對於黃河下游之治理，關係最為重要。

陝縣造床期之含泥量，各月不同，其與濼口含泥量之差，即淤積於陝濼間河槽內者，如下表。

二　表八、造床期內陝縣濼口兩地黃河含泥量之比較

地點	含泥量				造床期平均值
	七月	八月	九月	十月	
陝縣	二、九三	七、六六	三、〇八	二、五一	四、〇五
濼口	一、八九	三、〇九	一、九八	一、五一	二、一二

相差	一、〇四	四、五七	一、一〇	一、〇〇	一、九三

陝縣之平均流量爲一三〇〇秒立方公尺，平均含泥量爲二，相當四一〇〇〇〇〇〇〇〇〇立方公尺之水量，與八二〇〇〇〇〇〇〇公噸之土量，約合五〇〇〇〇〇〇〇立方公尺之黄土。

綜上各點，茲規定黄河陝縣之含泥量如下表，作探討黄河下游含泥問題之依據。

表九、黄河之含泥量

種類	含泥量
最大含泥量	三八、〇
計劃含泥量	一〇、〇
普通含泥量	八、〇
造床期平均含泥量	四、〇

平均含泥量	二、〇
低水含泥量	〇、五

十四 黃河之沖積

黃河之年齡，極為幼稚，已如前述，故其造床作用，尚未達「平衡狀態」，按著者黃河下游縱斷面公式，

$$h_0 - h = 1500(1 - e^{-0.0004s}) \quad \text{……(40)}$$

假定黃河潼關之河底，因地質關係，固定不變，（海拔高度＋320.30）則下游各地，由著者公式，推定之「平衡高度」，列表如下：

表十、黃河下游各地之平衡高度

地點	現在高度	平衡高度	高度差

潼關	320.30	320.30	±0.00
陝縣	259.60	244.10	+45.50
孟縣	106.00	108.70	−2.70
姚期營	94.84	96.20	−1.36
開封	77.20	69.20	+8.00
蘭封	69.05	63.20	+5.85
濮陽	50.20	45.02	+5.18
壽張	39.46	38.21	+1.25
濼口	24.90	30.86	−5.96
海口	0.00	25.56	−25.56

根據本處之「平衡高度」，即可推算黃河下游各段之「平衡比降」。

黃河下游之沖積問題，著者認為應分別下列各段探討之，如下表。

表十一、黃河下游各段之平衡比降與沖積推測

段　名	地　際	現在比降	大於或小於	平衡比降	沖積推測
1.潼陝段（峽口段）	潼關至陝縣	0.000416	<	0.0010	沖
2.陝鞏段（無堤段）	陝縣至鞏縣	0.00080	>	0.000595	沖
3.鞏秦段（單堤段）	鞏縣至秦廠	0.000265	=	0.000265	平
4.秦高段（寬堤段）	秦廠至高村	0.000173	<	0.000205	積
5.高陶段（寬堤段）	高村至陶城埠	0.000135	>	0.00009	沖
6.陶濼段（單堤段）	陶城埠至濼口	0.00014	>	0.000042	沖
7.濼海段（狹堤段）	濼口至海口	0.00011	>	0.000035	積

根據上表所列各段情形，可推測其沖積如下：

1.潼陝段（峽口段）　此段比降較平衡比降為小，在平均水位以下，應有淤積，惟在洪水時，比降增加，水流激盪，沖刷河床及兩岸，且此段比降，愈向下游愈大，故含泥能力，遂漸增加，故每年河床，有刷深傾向，迨達平衡比降而止。

2、陝潼段（無堤段） 此段比降較平衡比降為大，應有冲刷，惟因本段比降，愈向下游愈減，故冲刷程度，無上段之烈。

3、潼秦段（單堤段） 此段比降與平衡比降相等，輸入之泥量與輸出之泥量相等，而呈無冲無積之平衡狀態。

4、秦高段（寬堤段） 此段比降小於平衡比降，應生淤積，故此段河床，有逐年昇高之傾向。

5、高陶段（寬堤段）： 此段比降較平衡比降為大，應有冲刷，河床有逐年刷深傾向。

6、陶濼段（單堤段） 此段比降大於平衡比降，故尚有冲刷可能。

7、濼海段（狹堤段）， 此段比降大於平衡比降，倘不築堤，任其自然，理論上大可刷深，惟堤時河槽為狹堤所束，含泥能力減弱，故河床反有淤積上升之可能。

綜上各點，探討黃河下游之冲積問題，可得結論如下：

1. 峽口段河床之比降，愈向下游愈增者，則有冲刷之傾向，且程度頗烈。
2. 單堤段河槽，具有自然調節作用，其比降與平衡比降相似，故冲積平衡。
3. 寬堤段河槽之比降，較平衡比降大者，應冲刷，反之（較小者）則淤積。
4. 狹堤段之比降，雖大於平衡比降，仍有淤積可能。
5. 寬堤段河槽之含泥能力，較狹堤者為大。

按黃河下游於民國二十三年造床期（七、八、九、十，四個月），各站之輸

泥量如下表：（見圖八）

第九圖　黃河下游造床期輸泥能力圖（二十三年七月至十月）

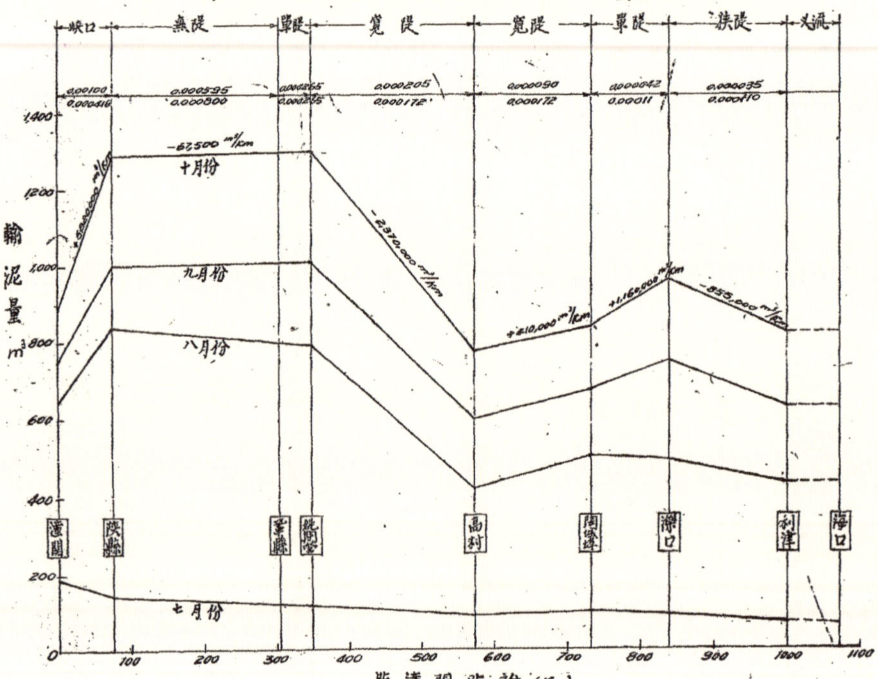

表十二、黃河下游各站輸泥量

站名	造床期輸泥量（立方公尺）	較前站增減之量（立方公尺）
潼關	八五四，〇〇〇，〇〇〇	
陝縣	一，二九一，〇〇〇，〇〇〇	增 四三七，〇〇〇，〇〇〇
秦廠	一，三一〇，〇〇〇，〇〇〇	增 一九，〇〇〇，〇〇〇
高村	七七六，〇〇〇，〇〇〇	減 五三四，〇〇〇，〇〇〇
陶城埠	八四二，〇〇〇，〇〇〇	增 六五，〇〇〇，〇〇〇
濼口	九六三，〇〇〇，〇〇〇	增 一二一，〇〇〇，〇〇〇
利津	八二六，〇〇〇，〇〇〇	減 一三七，〇〇〇，〇〇〇

上表可見潼關之輸泥量，為八五四，〇〇〇，〇〇〇立方公尺。蓋黃河上游雖有涇洛渭諸水之泥沙大量輸入，但經渭南、潼關、大荔之廣大三角淀，比降極緩，有蓄水減淤之功，故輸出潼關之泥沙，

僅其剩餘之一部分也。自潼關至陝縣，水行峽谷間，比降逐漸加大，含泥量驟增至一，二九一，〇〇〇，〇〇〇立方公尺，約合原來輸入泥量之百分之五十，河入陝秦段，泥量仍有增加，至一，三一〇，〇〇〇，〇〇〇立方公尺，此部增加之泥量，平均淤積於秦高間寬堤內。由高村至陶城埠，比降較平，衝刷為大，泥量復漸增至八四一，〇〇〇，〇〇〇立方公尺，幾與潼關輸入者相若。此後河入單堤段，含泥量續有增加，迄濼口達九六三，〇〇〇，〇〇〇立方公尺。繼則至狹堤段，則逐漸淤積，至利津尚剩餘八二六，〇〇〇，〇〇〇立方公尺，其量幾與由潼關輸入之泥量相等，深堪注意。各段沖積之速率，如下表。

表十三、黃河之沖積率

段次	段　別	冲積率（m^3/km）
1	潼陝段（峽口段）	冲　五,八二〇,〇〇〇
2	陝鞏段（無堤段）	冲　六七五,〇
3	鞏秦段（旱堤段）	平　〇
4	秦高段（實堤段）	積　三,三一〇,〇〇〇
5	高陶段（實堤段）	冲　四一〇,〇〇〇
6	陶濼段（旱堤段）	冲　一,一六一,〇〇〇
7	濼海段（洪堤段）	積　八五五,〇〇〇

上述各點，雖僅就民國二十二年一年之記載，但黄河冲積作用之大綱，已可畧窺一斑，茲歸納其重要者如下：

一、黄河下游造床期各断面之最少輸泥量，約為八〇〇,〇〇〇,〇〇〇立方公尺，

二、潼陝間峽谷段冲刷之泥量，淤積於秦高間寬堤段內。

三、高濼間冲刷之泥量，淤積於濼海間狹堤段內。

四、潼關輸入之泥量，約等於利津輸出泥量。

五、黃河各段輸泥之能力，與著者推算結果，極相符合。

（十五）黃河之病徵

黃河，大自然之產兒也，苟能順其道，適其性，經數千萬年之冲積，其水位、流速、流量、含泥、挾沙、比降、斷面等，均能至成平衡，而呈安定狀態，豈尚有突變，而生溢決改道之禍哉。故曰，河本無病，乃吾人逆其天性，防之、束之、危之、塞之而成病也。賈讓有言：「夫土之有川，猶人之有口也，治土而防其川，猶止兒啼而塞其口，豈不遽止，然其死可立而待也」。孟子所謂「禹之治水，水之道也」。著者曰「水之治水，禹之道也」。蓋自然為吾人最忠實之導師，欲解決自然界之問題，亦惟有求諸自然耳。

按黃水含泥之能力，與比降成正比，與湍率、徑深成反比。（見第25式）自然之河流，必能自行調整其比降、湍率及徑深，成一理想斷面，將上游泥沙輸運入海。

黃河一經築堤，其「平衡狀態」大受改變，在有隄段上游，因回水作用，比降驟弱，含泥能力突減，淤落水槽，而成「漫決」。（見圖十）在有隄段下端，流水至此，動能變成位能，水面上湧，且由隄段內刷出之沙，停積附近。（按水在有堤段內比降大，其平衡粒徑粗，出此比降變緩，挾沙停積，其意義即使水位抬高，產生對

與粗沙之下衝比降也）洩宣不暢，亦能釀成「漫決」。（看第十圖）至於決

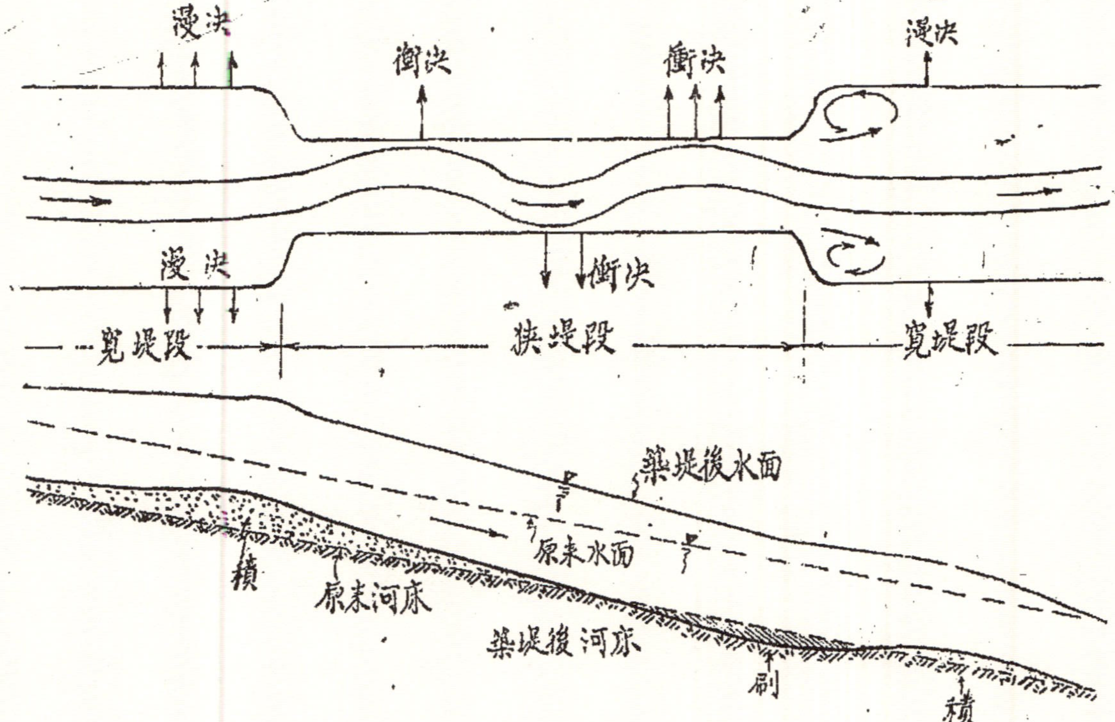

第十圖　黄河築堤段水位及河床之變化

堤段內，較未築隄前流速增大，大流橫衝直撞，堤岸沖塌，因而決口者曰「衝決」。(圖九十四)統計黃河決口，以漫決為多。

黃河水面比降，在漲水時，常超過各段河床之比降，約二、三倍。故含泥能力，可增至一．五至二倍。(見圖五)河床常有刷深之現象，惟落水時之水面比降，常僅為平均者〇．八倍，含泥能力減至〇．八六倍，故落水時之含泥能力，減為漲水時之十分之四三，半數泥沙即將淤落，河床上昇，斷面縮小，繼至之洪水，即無法容納，因而漫決者最多。故黃河有「危險在落水」之諺。

黃河洪水峯之來往過驟，防護不及，亦為潰決之主因，但自然河道，其本身灘地，即有緩衝調節之能力，而呈「平衡狀態」。如河道上游，流量小，比降大，河谷成V形，中游為U形，下游比降小，流量大，則成有灘地之複式斷面，蓋非如此，即不能完成其洩洪排出之任務。黃河之斷面，中游寬而下游狹，一切適得其反。此種違反自然之現象，宜其河患終無已時。

陳省齋云：「夫河之決者，皆由黃水暴漲，下游壅滯，不得遂就下之性，故旁流溢出，致開決口，決口既開，旁流分勢，則正流愈緩，正流愈緩，則沙因以停，沙停淤滯，則就下之性愈不得遂，而旁決之勢益橫矣。」

上述各點，僅就其直接之有形病徵言，至其無形之患，國族所受之痛苦，更為嚴重，茲約別如下：

一、冀魯晉豫蘇冲積平原之人民，日處於水災威脅之下，一切永久文化建設，無形停滯。

二、國家年耗無數人力、物力、財力，從事防塞。
三、一旦潰決，水患發生，災區生命財產之損失，不可勝計。
四、沖積平原農田，不得黄水灌潤，農業衰落。
五、沿河良田，變為沙域。

(十六) 治黄之目的

黄土為最肥美之土壤，所謂「厥土惟黄壤，厥田惟上上」：「沃土千里，帝王萬世之業」。故世界黄土區域，皆為農業之發源地，亦即人類文化之母也。黄土區域之雨量，概極缺乏，滴點之水，皆為農田至寶，故有「春雨貴似油」、「惜水如惜金」之諺，治河應以農田水利為惟一目的，蓋無疑義。禹貢：「九川滌源，九澤既陂，

「烝民乃粒，萬邦作乂」，孔子曰「禹盡力乎溝洫」，可見我國有史以來，即以黃河之農田水利爲立國根本。

黃河流域之雨量，平均年約六〇〇公厘，但百分之八十，集中於夏秋之交，春季苦旱，是其缺點，吾人對此流域之水份，苟不以統制與管理，雖據有世界最肥沃之土壤，農業仍受自然之限制，不能充分發展。語云：「國之本在農，農之本在水利」，故農功水利，自古並重。

黃河農田水利之基本政策，可分三大要綱：一、以「黃河之民，治黃河之水」（民治）二、以「黃河之水，潤黃河之田」（民有）三、以「黃河之田，養黃河之民」（民享），而政策推行之方法，一曰民播渠，二曰渠分水，三曰水揚泥，四曰泥糞田，五曰田生穀，六曰穀養民。此種政策具有累積進化之作用，有一分努力，即有一分成功。如下圖：

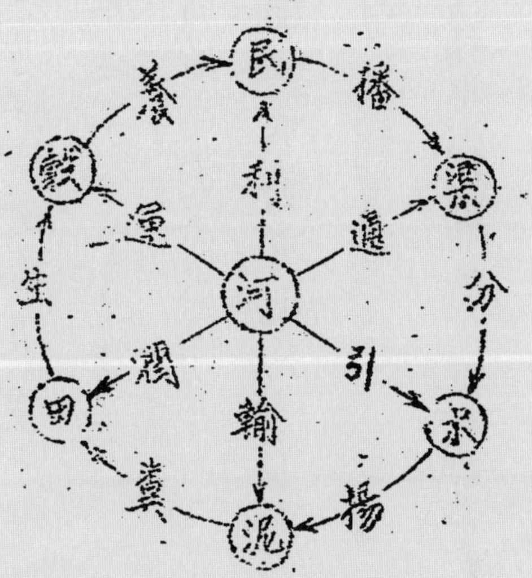

第十一圖

播渠疏水水利累進圖

此偉大農田水利系統之建設，欲求其充分發展，必須濟之以工業及交通，是以系統內渠上所有跌水水力，均須建廠發電，以供戽水、礱穀、磨粉、軋棉、紡織、耕作等農業電化之用，至於系統內之渠道，應有極適宜之配合，而成一完善之運河網也。

（十七）治黃先決問題

治黃之目的既定，政策既決，即可進言治本，但在方案擬定之前，尚有極多問題，應詳加探討者，茲擇其重要者列舉如下：

一、如何減少地面之冲刷量？

二、如何防止兩岸之坍塌？

三、如何減少上游之含泥量？

四、如何提進下游之含泥量？

五、如何降低下游洪水位？

六、如何固定下游河床？

七、如何分水利農？

八、如何濬渠利航？

（另着專文討論，本文從略）

玆分節略述如后·

(十八) 如何減少地面冲刷

黃河上游，經吾族先民歷數千萬年之墾殖，凡可耕種之地，莫不闢為農田。坡度概在三十度以下，此等黃土地面，遇暑常降雨，其逕流率極微，稍事整理即可。至於不能耕種之高原，風沙苦旱，山坡峻陡，耕種不易，其冲刷率較大。但對於此種無農業價值之土地，欲防止其冲刷，用普通溝洫、梯田等法，皆不可能。蓋吾族先民於此廣大黃河上游，已飽受數千萬年之教訓，凡不可耕種之地，強欲利用之，惟有終遭失敗而已。

此種寒冷乾燥之黃土高原坡地，欲減其冲刷，著者認為惟有撒種苜蓿。蓋苜蓿為荳科植物，能自空氣固定氮素，無需養分，其根能深入地下，可至十餘公尺，即大旱之年，亦不枯死，且為最理想之牧草，以裕牧業。至於黄河上游能否造林，論者以為困難亦多：一、森林抗旱耐寒之能力，遠較牧草為小，即五穀亦不及。二、森林種植時，既費工，又需時時澆水，否則生活率甚小。三、森林種於黄土坡上，雨時土軟根淺，稍遇暴風，極易吹倒，不特不能防止沖刷，且助長山塌作用，是以世界上黄土區域，均無森林之存在，蓋有由矣。

（十九）如何防止兩岸淋塌

黄河上游，兩岸壁立，水嚙岸根，壁面黏力，不能支撐其重，乃坍塌而下，增重河水之泥量。論者以為應築直立石壁保護之，惟此種工作，經濟上能否允許，姑置勿論，工程上有無價值，尚成問題也。蓋河之所以嚙岸，即表示該段河道斷面，尚未得「平衡狀態」，苟強施以護岸工程，工程亦難保永久，或則改刷他處，然至護不勝護，況此種坍塌之黃土，能否加重含泥量，應視該段河流之含泥能力而定，非因土之坍入，即足以增加者也。

河岸坍塌，由於該段流水之含泥能力過大，故減低含泥能力，即為防止坍塌之根本。按含泥能力與比降成正比，故減緩比降，即可以防止坍塌，坍下之土，亦不易隨水刷去矣。減低含泥能力之法，下節論之。

（二十）如何減少上游之含泥量

按黄水之含泥能力，與比降成正比，與暢率及徑深成反比（第25式）故減小比降，並增加「暢率」及「徑深」，即足以減少其含泥量矣。

減小河流比降之法，惟有節節建築攔河壩。設某段現有比降爲S，該段之「平衡比降」爲S_0，若攔河壩之高度爲h（公尺）已定，則可用下列公式，計算兩壩應有之距離l（公尺）（圖十一）

$$h=(S-S_0)l \quad 或 \quad l=\frac{h}{S-S_0} \qquad (42)$$

此種攔河壩，固以減小上游比降，含泥量爲主，但其最主要之目標，端在抬高水位，播渠灌溉兩岸農田，或發電庫水，灌溉高原，並利用此壩，停滯洪流，蓄水地下，固定河床，一舉而兼數利者也。

凡地基堅實之處，可築高大之重力壩（如涇惠渠、洛惠渠大壩），

堤基為沙質者，築較低之混凝土堤。（如渭惠渠大堤）

黃河上游，潼關渭南大荔廣大之三角淀，有停滯洪水，減輕泥沙之作用。苟能於潼關峽口，建攔河大堤一道，對於下游滯洪輕泥之功，定極偉大，並用以灌溉潼關至陝縣兩岸農田。

黃河出潼關後，以潼陝段之冲刷最烈，含泥量驟增加百分之四十，而此部泥沙，概淤積於下游秦高段內（表十二），對於黃河下游之治理，關係最鉅。減泥之法，亦惟有擇適當地點，築建攔河大堤。按該段之平均比降（〇·〇〇〇四一六）尚小於「平衡比降」（〇·〇〇一〇〇），但至陝縣以下，河床突跌，比降（〇·〇〇〇八〇〇），超過「平衡比降」（〇·〇〇〇五九五）一·三五倍，冲刷急增，故在此段自陝縣起，即應節節築堤，用以固定河床，降低冲刷，而減少含泥量，假定大堤高度，平均六公尺，自第41式，可求得平均每隔二十公里，建築攔河壩一座，由陝至鞏約二百公里，平均需建壩十座，鞏高段內之淤積，或可因此解除，並積極利用此攔河大壩，播渠引水，灌溉黃河冀魯豫蘇之沖積大平原。

（二十一）如何促進下游之含泥量

黃河下游之狹隘段，以及寬堤段之小於「平衡比降」者，（秦高段及濼海段）概有淤積之可能，實為河患主因。故促進下游之含泥能力，使不留淤堤內，實為最重要之工作。

按黃水之含泥能力，與比降$S^{\frac{5}{8}}$成正比，與暢率$^{\frac{3}{4}}$川徑深$R^{\frac{1}{4}}$成反比，惟黃河下游，河口高度為海平面所限，比降愈向下游愈弱，

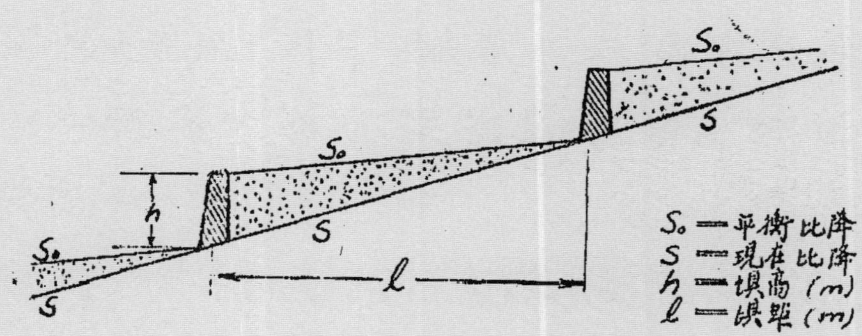

第十二圖　攔河壩高度與壩距圖

而呈「平衡狀態」，欲增加比降，以增加其含泥能力，殆為不可能之事」，易言之，欲使進下游之含泥能力，惟有出諸減小「暢率」及減小「徑深」二途。

首言如何減小徑深。按徑深爲濕周除面積之商，故減小徑深，即所以增長濕周，易言之，即應變爲淺廣之斷面。設河流之流量不變，比降不變，凡淺廣之斷面，其含泥能力必較深狹者爲大。故自然河流之斷面，愈近海口，愈呈淺廣，此其理也。「水之道」也。蓋非如此，即不能將上游輸入之泥沙，輸送入海，而達「平衡狀態」矣。

恩格思治黄試驗結果，証明寬河床之刷深與狹河床之刷深爲十六與一之比。築堤束水，匪特不能刷深河槽，且有升高洪水位之傾向。證諸黄河下游沖積情形，及著者公式理論之推斷結果完全一致．其為之道乎？

次言如何減小「暢率」，按黃河之「暢率」，與流量成正比；蓋流量大，則水深溜急，前進之能力大，床面阻力，所能影響之範圍，因以漸減．設河流之流量不變，比降不變，苟能將此單河分為兩股，（流量各為前者之半）則此兩河之總含泥能力，必大於前一河含泥能力．是以河流愈近下游，愈有分為叉流之傾向，蓋非如此，則上游輸入之泥沙，即無法輸之入海，而達平衡狀態」．

減小暢率，即所以增加糙率，舍縮小流量，分為叉流外，尚可用人工方法促進之，如建築圍灘丁壩，洪流漫過壩時，水濁激盪，含泥能力隨之大增．稽曾筠曰：「能言治者，必導溜而激之，激溜衝該壩，是之謂以壩治溜，以溜治槽」．較潘季馴所倡「以堤束水，以水攻沙之說，合乎科學多矣。

（二十二）如何降低下游洪水位

黄河下游之洪水位，視上游之洪水量而定，但河道之比降，愈至下游愈弱，其流速亦隨之漸緩，是以河流欲瀉減同等之流量，必須漸增其排洪斷面，始得平衡狀態。故河流愈至下游，其排洪面積，愈應擴大，殆無疑義。且面積爲水深乘河寬之積，設河流之比降不變，流量不變，則河床愈寬者，其洪水位愈低，易言之，放寬堤距，即可使洪水下降。

黄河下游之排洪斷面，因原有狹堤，反較上游爲小，此種違自然之現象，實爲河病主因，已如前述。故欲降低洪水位，惟有寬展堤距，減分為若干叉流入海。

「黃河自陝縣至灤口，擇適當地點，節節築堰，播渠引水灌溉冲積平原之農田，設每渠流量平均以一〇秒立方公尺，兩岸如播渠四〇〇條，即可分流洪水量四，〇〇〇秒方公尺。該黃河之「計劃洪水量」為八，〇〇〇秒立方公尺，則下游洪水量，已可減其半矣。」

黃河上游分疏後，其下游是否因流弱而淤積更甚，向為各家所爭論之問題。茲申論之：按河流一經分疏，則分疏口之水位降低，下游之比降變緩，而生「水緩沙停」之弊。故於分疏之地點，分疏之流量，以及分疏後比降變化情形，事先應加審慎之研究，以免敗事。黃河最適於分疏之地點，著者認為在陝孟段、孟陶段、陶灤段，因該段比降尚大於「平衡比降」，下游比降，不致因分疏而過緩，而至流量淤積也。至於分疏之流量，宜細不宜大，宜漸不宜急，易言之，即宜多設水門，不宜集中一道，庶河道之「平衡狀態」不致破壞過甚，而生其他弊端。

沈夢蘭曰：「凡河流經入海諸故道，皆可廣爲疏闢，以爲宣導之地……而其入海者，又可任其所之，不擇東南北大道，皆得暢流而無滯，如是，而河猶爲患者，未之有也」深得治河要領。

（二十三）如何固定下游河床

治黄以利農爲本，與歐美河工以航運爲主者迥異，恩格斯治河，主張固定中水位河床，此種工程能否實施，暫置不論，但固定中水河床，於黄河是否必要，尚應加以探討也。

孜恩格斯之治河理想，以固定「中水」床為惟一方策，其目的，使「中水」槽內刷深，灘上淤積，使河槽逐漸束狹，而成一單式河槽。著者以為，凡河床之能否刷深，全視該段之比降，是否大於「平衡比降」而定之。蓋「刷深」之意義，即在降低河床，增大徑深，使比降漸減至「平衡比降」也。黃河下游，就全河立論，苟能將濼海段限距放寬，或則另闢叉流入海，大有刷深可能。因該段比降，尚大於「平衡比降」也。至於陝縣段，及高濼段，雖有刷深可能（比降大於平衡比降），且以該段刷出之泥沙，必淤積於下段，匪特不可希望其刷深；且應建攔河壩，阻止其刷深，河始得治。總之，河床之能否刷深，有無刷深之必要，全視比降而定。至於「中水」床之固定與否，影響殊小也。

複式河槽之暢率」，常較單式者為小，且有副溜作用，水流激盪含泥能力較單式者為大，其作用與著者之固灘激溜丁壩相同。至於固定中水」床，僅以引導大溜，使不逼近堤根為目的，則此種順壩式固定工程效力，遠不及固灘激溜丁壩為大。在未築堤防之處，最好種植檉柳，洪水漫溢，自然淤高，使河流自身調整其斷面，而達「平衡」。

（二十四）如何疏水利農

黄河洪水量，以八，〇〇〇秒立方公尺計，苟取其半數利農，流量超過四，〇〇〇秒立方公尺以上者，排洩入海，則此四，〇〇〇秒立方公尺以下之流量，全年合計平均為三五，〇〇〇，〇〇〇，〇〇〇立方公尺，平均含泥量以二計，則合四五〇，〇〇〇，〇〇〇立方公尺，將此水量泥量，平均分佈於冀魯豫黃河沖積平原（面積五三〇，〇〇〇方公里），約合雨量六六公厘，增厚土地〇·八五公厘，合原有雨量五〇〇公厘，共計五六六公厘，已足供普通作物之用。苟將灌溉面積縮小至五分之一（約合一〇〇，〇〇〇方公里等於一六〇，〇〇〇，〇〇〇畝）則每年得八三〇公厘（五〇〇加三三〇）之雨量，即可種植水稻（古稱稌）一萬萬六千萬畝，四千萬人口之糧食無憂矣。（按水稻田每方公里可給養人口約四〇〇人，旱地僅一五〇人）禹貢：「烝民乃粒，萬邦作乂」。粒，米也；乂，養也。可見古代民食以米為主，農田水利系統之完善，概可想見。

黃河流域，以七、八、九、十月雨水最多，約佔全年百分之八十，而河水亦於該時最大。如何利用此洪水灌溉，如何配合各種作物而達最高之生產量？如何蓄水於地，以供明春春禾之用？為今後農田水利界最重要之問題，當另著專文討論之，茲不贅。

黃河下游之灌溉系統，應採多首制，幹渠之流量，以不超過二〇秒立方公尺為佳，以便管理，而利輸泥。（按渠愈小，輸泥力愈大）且二幹渠之間，應另闢串渠（或稱連環渠）使互相溝通，某渠偶生故障，則以他渠之水引濟之，而成一偉大之渠網，發展於冀魯豫蘇黃河沖積平原，如血與絡，黃河其大動脈也。（如圖十三）

灌溉渠道之設計，以含泥能力平均值「二」為標準，比降不可小於〇.〇〇〇四，渠道斷面應採用淺廣之安定式，以免日後挑挖之勞，均可由著者公式計算之。

此種灌溉渠道之要任務，在利用洪水灌溉，而減輕下游之洪量。假定總灌溉流量為四〇〇〇〇秒立方公尺，每幹渠之平均流量為

一〇秒立方公尺，則需播渠四〇〇道，始能疏此洪量。假定孟津至

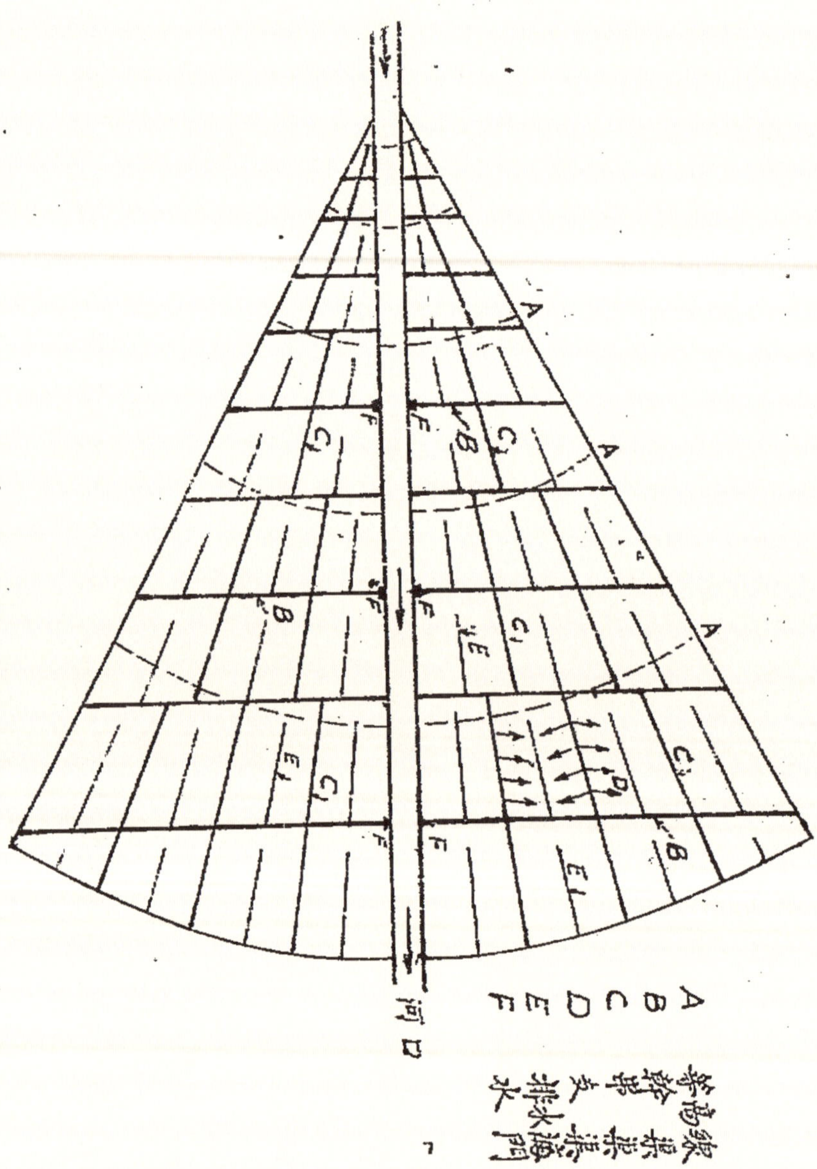

第十三圖　黃河沖積平原灌溉渠網

利津，距離約為六〇〇公里，則平均每隔三公里（約合五里），即須左右各設一水門，倘幹渠流量為二〇秒立方公尺，則每一〇里設一水門，以灌兩岸農田，而減洪量。

歷代治河，大禹以後，最富於科學思想而合乎禹道者，為漢之賈讓，但成功者，僅後漢王景一人。史載：「景修渠築堤，自滎陽東至千乘海口，千餘里，乃商度地勢，鑿山阜，破砥磧，直截溝澗，防遏衝要，疏決壅積，十里立一水門，令更相洄注，無潰漏之患」由是河出千乘，而德棣之河，又播為八，故水有所洩，勢分，偏合禹功」。此種以河為經，以渠為緯，以積極建設農田水利，消滅水患於無形之方策，深合科學原理，宜其大工告成後，千載無患。

灌溉系統之組織，自幹渠分為斗渠、支渠，再分為農渠，並以下渠兼作上渠之排水溝，自高而下，層層相連，脉脉相通，並節節築閘，管理之。（如圖十三）此種「灌溉」、「排水」、「蓄水」、「漂游」、「糞田」五者兼用之，灌溉系統，古稱「溝洫」。

「溝洫」為黄土區域農田水利之特有制度。胡氏禹貢錐指曰：「陽盡力乎溝洫，導谿谷之水，以注之田間，蓄泄以時，旱潦有備，高原下隰，皆良田也」。孟子曰：「七八月之間雨集，溝澮皆盈，其涸也可立而待也」。沈夢蘭曰：「陝西之涇渭，山西之沁汾，直隸之滹沱、永定等河，皆與黄河無異，於其漲也，則渾流洶湧，而衝決為患；其退也，則河泥滯澱，而淤塞為患，古人於是作溝洫以治之。縱横相承，深淺相受，伏秋水漲，則以疏洩為灌輸，河無泛溢，野無熯土，此善用其決也。春冬河消，則以挑決為糞洽土，薄者可使厚，水淺者可使深，此善用其淤也。自濬洫廢而決淤為害，水土交病矣」。語極中肯。

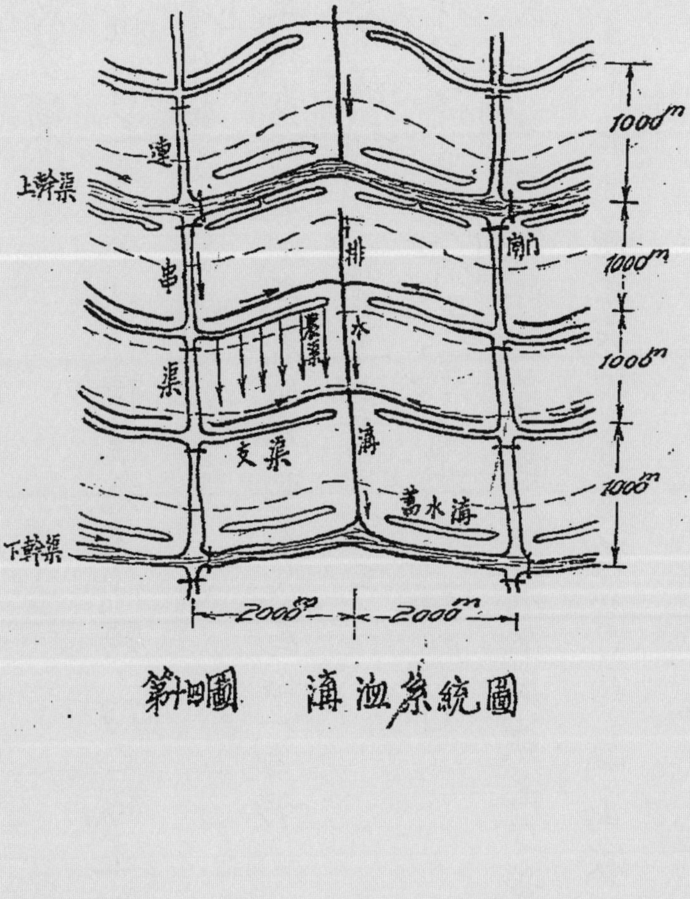

第十四圖　濬洫系統圖

（二十五）治黄方策

治黄之目的，推行之政策，以及種種先決問題，均已概述如上，茲將著者對於黄河治本方策，條列於后：

一、治黄應以建設黄河流域之農田水利系統為惟一目的。

二、治黄應遵守禹訓，以「疏導」「濬淤」為主。

三、治黄以維持或促進黄河之「平衡狀態」為原則。

四、治黄為我民族爭取生存之事業，應以全民族之力量完成之。

五、黄河上游，凡不能耕種之坡地，宜多種苜蓿，闢為牧場，而防冲刷。

六、上游河谷，應擇地建築攔河壩，以減含泥量，並抬高水位，灌溉農田，並用水力發電，戽水灌溉高地。

七、潼關、渭南、大荔三角淀，有調節洪水減除泥沙之作用，應充分利用之。

八、黃河陝孟段及陶濼段，河床比降較平衡比降為大，沖刷頗烈，應建築攔河堤調整之，以減輕含泥量。

九、利用攔河大堤或沿黃河大堤，鑿設閘門，播渠引水，灌溉黃河沖積平原之農田，而減洪量。

十、利用現在沖積平原之河流，作沖積平原之排水系統。

十一、濼口至利津狹隘段，隘距應逐漸放寬，使達「平衡狀態」，而增含泥能力，並降低洪水位。

十二、河床比降小於「平衡比降」之部份，常生淤積，應展寬河槽，並建築圍灘激淄丁埧，使河水震盪，而增含泥能力。

或分叉流入海，在中游之叉流，仍可回注入下游，以增比降。

十三、治黄應以興辦黄河上游之農田水利事業為治水之出發點，以完成全流域之溝洫制度為終結点。

十四、明潘季馴倡「以堤束水，以水攻沙」之議，我國治水科學，受其影响而停滞者凡数百年。著者今以「溝渠疏水，激淄揚波，水分勢殺，流去河安」四語，作治黄「心理建設」之綱領，並繪下圖，以示築堤束水與河患之関係。（圖十四）

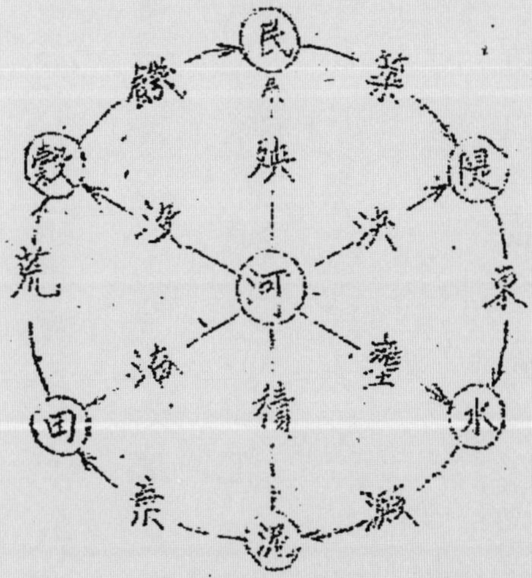

第十四圖

築堤束水河患累進圖

(二六) 大禹治河之聖蹟

吾華民族之農田水利文化，發源於黃河上游，逐漸氾展，至下游冲積平原，然後南下，展至濟、淮、江、漢之冲積平原，蓋此等平原，最適宜灌溉，而以祖傳之同一方法，同一制度，建設其農業者也。故田：大禹治水，始冀州（今山西河北境），次兗（今河北山東境），次青（今山東境），次徐（今江蘇安徽境），次揚（今江蘇江西境），次荆（今江西湖廣境），次豫（今河南境），次梁（今四川境），次雍（今陝西甘肅境），是謂「九州」。

大禹治水之精神與方法，載於尚書禹貢篇，以及其他諸書，謹擇其重要聖蹟，謹述如后。

祭法：「鯀障鴻水而殛死」。以吾華先民治水之經驗，警告後世子孫之訓示，凡築堤遏水者，終必失敗。

史記夏本紀「禹傷先人父鯀功之不成受誅，乃勞身焦思，居外十三年，過門不敢入」。先民既得築堤失敗之教訓，乃勞身焦思，謀治水之法，即「求知」也。

皋陶謨：「禹曰，予乘四載，隨山刊木。」

史記夏本紀「行山表木，陸行乘車，水行乘船，泥行乘橇，山行乘檋，左準繩，右規矩。」在治水計劃未決定以前，必先自實地之勘察，調查，測量下手，蓋欲爭服「自然」，必先認識「自然」。

史記河渠書：「河菑衍溢，害中國也尤甚，唯是為務，故道河自積石，歷龍門，南到華陰，東下砥柱。」吾華農業自黃河上游，漸漸東展至下游，故農田水利之建設，亦自渭河流域，漸發展至黃河冲積平原。

又河渠書：「及孟津雒汭，至於大邳。（大邳在今河南濬縣東南二里）。於是，禹以為河所從來者高，水湍悍，難以行平地，數為敗，乃厮二渠，以引其河』。蓋黃河自濬縣以下，其地面比降，小於「平衡比降」，含泥能力減弱，故應疏爲二渠，以增其含泥能力，並降低洪水位。

又『北載之高地，過降水，至於大陸』，禹厮二渠，其目的不僅在減洪，且積極謀灌溉之利，故必沿太行山麓，北引至高地，所謂過降水（一說今漳水），即過太行山所出諸水，大陸，即今河北鉅鹿

又『播爲九河，同爲逆河，入於渤海』，「九」爲古代繁多之意，即自幹渠分爲無數支渠農渠，並以渤海爲灌溉系統之尾閭，以利減洪排水。

又『九州既疏，九澤既灑，諸夏乂安，功施三代』，灌溉系統完成後，吾華農業基礎，始得奠定。

史記夏本紀：「禹與益予眾庶稻鮮食」。灌溉系統完成，水量充足，乃種植水稻，以裕民食。今黃河沖積平原，水稻殆將絕跡，民族水利事業之退化，於此可見。

又「禹與益后稷，奉帝命，命諸百姓興人徒以傅土」。蓋治水為民族爭取生存之事業，必須發動全民族之力量完成之。況農功水利向為最繁重勞苦長期奮鬥之工作，必須「人人治天下之田，人人治天下之水」，始能發揮其偉大之力量，與豐碩之效果也。

孔子曰：「禹吾無間然矣，卑宮室而盡力乎溝洫」。溝洫為黃土區域特有之水利制度。吾華以農立國，建國必先建農，建農莫急於農田水利。

農田水利建設完成後，應進而利用火、灌溉系統內之渠道，兼作運渠，以利交通。觀禹貢所載，各州貢道如下：

「冀州」夾右碣石入於河。

「兗州」浮於濟漯，達於河。

「青州」浮於汶，達於濟。

「徐州」浮於淮泗，達於河。

「揚州」沿於江海，達於淮泗。

「荆州」浮於江沱潛漢，逾於洛，至於南河。

「豫州」浮於洛，達於河。

「梁州」浮於潛，逾於沔，入於渭，亂於河。

「雍州」浮於積石，至於龍門西河，會於渭汭。

是各州所產之物，無不達於河，亦無不達於冀州帝都，足徵當時運道縱横，往來無阻。禹貢：「九州攸同，四隩既宅，九山刊旅，九川滌源，九澤既陂，四海會同，六府孔修，庶土交正，底慎財賦，咸則三壤成賦，中邦，錫土姓，祗台德先，不距朕行」。水利建設完成，農業基礎奠定，物產豐富，交通便利，吾族先民，遂建立成一富強偉大之國家。

（二十七） 河患之始

帝堯八十載（前二三八七），大禹治河始成功至周定王五年（前六〇二），而河道初徙，禹河凡歷一千六百七十六年之久，厥功偉矣。惟此種偉大之農田灌溉水利系統，其治策固須深合乎科學，其建設須發動全民族之力量，但功成後之管理，尤需有總有力之集權中央政府，以及嚴密之組織，始能指揮自如，運用靈活，而收治導之功。苟國家政治不良，權力不一，灌溉溝洫系統，大受紊亂，灌溉，排水，洪澇，蓄水之機能盡失，水患隨之而生，豈不懼哉！據漢書溝洫志所載，“周之衰也，王政不修，水官失職，諸侯各擅其山川，以為己利，於是有滎陽下引河為鴻溝者，自是以後，日漸穿通，枝津交絡，宋鄭陳蔡曹衛之郊，無所不達，至周定王五年，河遂南徙，無奈，河水之入鴻溝者多，則經流遲駛，不能衝泥沙故也。是徵當時政治已不統一，諸侯各自為政，以一隅為利，甚且以水為敵，鄰國為壑，農田水利系統，大受破壞，潰溢決修，河患乃生，殆無疑義。故曰，國家政治之統一，權力之集中，意志之集中，乃為治水之先決條件，亦即建國之先決條件也。

（二十八）結言

黃河流域，吾族之發祥地也，有史以前，先民在此廣袤之黃土空間，致力於農功水利者，歷四五萬年矣。積此長期間之經驗，如何治水，如何治田，代代相傳，已成為吾族生存之本能，有如鵲之架巢，蟻之營穴，於其生活之環境，已得充分之認識，並深知所以利用厚生之道矣，此種爭取生存克服困難，開天闢地之寶貴經驗，至大禹一益光大而完備，故禹之治水，無往而不合乎科學，亦無往而不合乎建國急需，孟子曰：「禹之治水，水之道也」，其此之謂乎？

莊子曰：「昔者禹湮洪水，親自操橐而雜天下之川，股無胈，脛無毛，沐甚雨，櫛疾風，置萬國」，此水利工程師之真精神也，負治水之責者，必親歷山川，沐雨櫛風，深識大自然流水之運行，農業國家建設之本末，而定治導之方策，始能一舉而完成建國大業，即所謂「有先天地開闢之仁，後天地制作之義」，所謂「開闢」，所謂「制作」，皆工程師之事功也。

吾族自大禹治平水土，國家建設完成以後，歷代文物雖屢有進步，但治水之權，漸委諸「水官」之手，（古稱司空，唐後改稱工

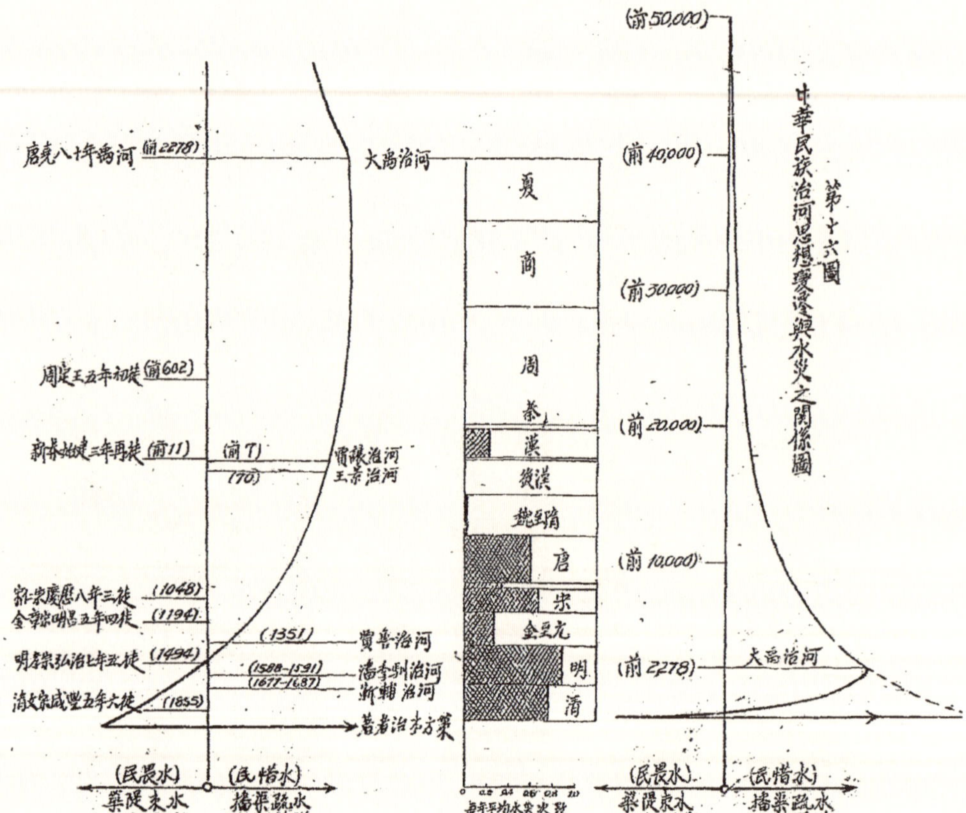

第十六圖 中華民族治河思想變遷與水災之關係圖

部尚書）彼等深居宮廷，腸肥腦滿，五穀不分，蔡京秦檜之流！豈尚能知大然流水運行之道哉。是以距大禹年代愈遠，吾華先民千萬年來與水鬥爭之寶貴經驗，愈被遺忘，而代以急功好利，敷衍塞責，以主觀為真理，以想像為根據之方策，始則以隄障水（襄之），繼則以隄導水（累疏），終則以隄束水（最絶）。與大禹疏導溝洫之根本精神，愈離愈遠，河患亦遂愈演愈烈，良可慨矣！

值茲民族復興之偉大時期，亦即大禹建國精神之再生時代，水利事業為吾族最賴生存之基本建設，吾族不欲建國則已，欲建國，惟有恢宏禹聖「身執耒鍤，以民為先」大智大仁大勇之建國精神，自究探黃河流域之偉大灌溉水利系統始。以治水事業，科學專業也，水利工程師之天責，非「水官」之事也。吾師李儀祉先生治河罪言有云：「凡任事者，宜認清事理，無求急功，無重小利。夫黃河問題，鉅矣，廣矣，豈僅一二縣之關係哉。謀近而疏遠，因小而失大，智者不為也」。又曰：「既往者不可追矣，來來者，庸可再蹈其覆轍哉」！願我後起同人，緬懷聖哲，知所奮起矣！

民國三十一年六月六日大禹誕辰於武功。

周頌堯著

綏遠河套治要

黃郛題

著者

與水爭地

綏遠河套治要

成都顔堯周晉熙著

緒論

綏遠五原縣河套地方。俗稱後套。幅員遼闊。延袤千里。田畝縱橫。溝洫交錯。出產豐富。鑛苗繁多。誠爲西北重要之區。一般有志西北者。莫不注意焉。年來或親歷考查。或著言提倡。即歐美人士。亦時相往還。明爲遊歷。實則居心叵測。是河套之關重。固大有人在矣。考此地原屬蒙藩。清末隸於晉。設撫民之官。民國元年。設縣曰五原。駐包頭遙制。劃歸綏遠特別區。四年築城於隆興長村之北五里地方。進行未久。庶政待興。不意連年匪患頻仍。元氣因之大傷。遂致田園荒蕪。人民流離。商賈失業。十室九空。不但綏區受無窮之影響。即國家亦同受其害。是故河套一日不興。綏區一日難期發展。此誠有國者所當注意者也。今將關於河套疆域。沿革。山川。[illegible]。古蹟。要隘。建置。設治。墾殖。水利。商務。農業。鑛質。牧畜。出產。林業。交通。文化。蒙旗。教堂。吏治。軍事。以及會匪狀況風俗情形。撮其概要。分章編述。都爲一卷。度亦有志西北者所樂覯也。

第一章　疆域

五原縣河套地方。居綏遠西境。東接包頭。南近陝邊。西通甘寧。北控庫蒙。東西延袤千里。南北寬廣三百里。實佔綏區面積之半。居於西二盟鄂爾多斯伊克昭盟杭錦旗達拉特旗之北部。所有烏蘭察布盟烏拉特部之東公旗中公旗（又名東大公旗）西公旗均環繞於東北。禹貢屬雍州之地。所謂朔方是也。世界滄桑。迭經變遷。忽夷忽夏。疆域紛更。當前清時歸山西歸綏道薩拉齊廳之管轄。及至末葉。綏遠將軍貽穀。振興墾政。於光緒二十九年遂有五原廳之設。以杭錦。達拉兩旗烏拉特三公旗地及右翼後旗地與左翼後旗之西境隸焉。民國元年改廳爲縣。駐於薩拉齊縣包頭鎮內遙制。四年始將縣署移駐五原縣隆興長北五里。建城治理。八年析縣屬之烏拉特東公旗地。別隸固陽設治局。（固陽設治局今已改縣）十二年又將縣屬東西公旗三湖河一帶。劃歸包頭設治局管轄。五原河套地方。現在之疆域。東至包頭設治局東公旗之七分子。東北至固陽縣莫林河紅花塔拉小佘太。東南至包頭設治局西公旗之西山嘴。南至東勝縣北界暨杭錦旗鄂托克旗北界。西南濱臨黃河。西至甘肅平羅縣毘鄰額魯特旗阿拉善王之地界。西北至狼山與賀蘭山接脈之處。北至烏拉山迤北外蒙土謝圖汗部落。按以方里計

綏遠區域全圖
烏蘭察布盟
伊克昭盟
比例尺
二百五十萬分之一縮尺
圖例

之。合三萬方里。每里以五頃四十畝計算。共合華畝一千六百二十萬畝之多。此河套疆域之大略也。

第二章　沿革

邊郡之設。始於漢。漢以上。無從考也。故河套莫詳於漢。亦莫確於漢。自漢迄今。有四運之分。戰國秦漢間。初運也。北魏時。二運也。隋唐季。三運也。有清一代。經貽穀經營漸次墾闢。而功未竟。然亦可謂四運也。民國肇造。如能興治。亦一轉運之機。考河套本新秦中地。漢初入匈奴。武帝元朔二年收其地。置朔方郡。徙民十萬以實之。朔方之北。依秦九原郡改置五原郡。盧芳之亂。竊據邊郡。光武中興。始置幷州以領之。靈帝末。羌胡大擾。五原郡流徙分散。建安十八年省幷州入冀州。二十年始集塞下荒地。郡置一縣。領其民。合爲新興郡。僑治太原界。迨至西晉爲前後趙。前後秦地。及赫連夏地。石勒幷朔方兼置朔州。義熙九年赫連勃勃於朔方北築城都焉。河套五原郡。漢末沒於匈奴。苻秦得其地。亦爲五原郡。後爲赫連夏所據。及至北魏。依山黃河南遷。故道名曰烏加河河套之名。自此始。屬朔州之太安附化二郡。大河以南。爲東夏州之朔方郡。要以榆林之故。豐州當之。隋開皇五年。始置豐州大業初改爲五原郡此五原在隋所以有豐州之名也。至唐爲加河北。爲中西受降城爲加河南爲豐州九原郡大河南杭旗地爲宥州竊朔郡（考唐以鹽州所改之五原在今之陝西界內去古五原千有餘里未能與隋之五原混而爲一既移五原之名於鹽州故將豐州復秦九原之名曰九原郡此唐之五原所以不與隋之五原同地也漢之五原在北河之北隋五原唐九原在北河之南此又治所[illegible]同也）唐末分入五代遂夏烏加河北爲遼之雲內州爲加河南爲季夏所有。宋金時北境爲豐州南境仍爲季夏所有。元併夏金。以其地併爲夏州河套內地初屬中興等路。後廢屬寧夏路明屬蒙古。仍爲寧夏路淸乾隆以後。爲山西薩拉齊廳光緒以後。改爲山西五原廳民國以還。改廳爲縣。屬於綏遠特別區

第三章　山川

疆域有變更。山川無改移。塞北之山。以陰山爲鼻祖。一曰大靑山又曰大斤山秦山其實卽陰山也。接長白山興安嶺之餘脈。橫亘綏區武川歸綏薩拉齊縣包頭設治局屬內後口子爲中斷。落點之處。又分脈爲二。一循五原北境。以達甘肅賀蘭山循河東徂障蔽大漠。以趨遼海古稱爲北幹者也。在五原境內。名曰烏拉山一循五原東南至西

山嘴爲止。名曰磨爾根嶺又曰烏拉前山其實均名曰陰山也。河套以陰山爲幹。川以黃河爲經。陰山之在五原河套境內。隨地異名西北狼山最大。俗稱兩狼山。又名狼居胥山東西延長四百二十里。東南烏拉山亦大。由包頭設治局屬崑都崙口起點。東西有二百七十餘里。狼山卽古之陽山烏拉前山卽古之牛頭朝那。又曰壓爾根嶺又曰阿爾布坦山在崑都崙河發源爲居延山當包頭設治局五原固陽縣三界之間。水經注。黃河自臨河縣。東經陽山南漢書注曰。陽山在河北。卽今五原之西境狼山也。又牛頭牟唐景隆中張仁愿。在山北置烽堠一千八百所。自是突厥不敢度山以爭。卽今之烏拉前山西山嘴是也。（烏拉前山又名曰斷頭山）

黃河源出星宿海。西巴顏喀喇山之東麓。自入歸德堡邊。始名黃河由歸德堡邊。凡三大折流四百里。經積石關入河州界。東北由蘭州經甘肅平羅縣出邊。循鄂托克旗以達五原之角渠（五角渠卽今之烏加河也）岐分兩派。一派南流爲黃河之新道。所謂南河是也。一派卽烏加河爲黃河之舊道。宛如⌒弓形。所謂北河是也。自南河以南長城以北。俗名曰大套。自南河以北。北河以南。俗名曰後套。卽古之河套也。河流西自蹬口入套。東自西山嘴出套。流繞五原境者六百餘里。凡納二水。曰佘太河。曰烏爾圖河。佘太河源出敖西喜山。西流會蘇爾哲河。注於河。其地在烏拉特三公旗北八十里。有舍特河。卽佘太河也。至烏爾圖河源。出雪山西。南流注於河。其地在烏拉特三公旗北一百里。按河套之山川爲西北最優之點。今詳爲述之。藉供有志西北者之參考也。

第四章　古蹟

河套古之名區也。自漢以來。古蹟甚多。當明之世。淪於蒙古。或燬滅無存。或譯音變更。乏韻士之歌詠。無太史之紀錄。年遠代湮。是存而不存矣。今予以知者紀之。考者載之。不過拾遺而已。

長城　長城在世界上。與西伯利亞蘇尼士河比衡。爲三大巨工之一。在河套有南北之築。趙武靈王築長城。自代並陰山下。秦始皇三十三年。北逐匈奴。自楡中並河以東屬之。陰山土色皆紫。故今有紫塞之稱。隋之長城名曰通漠。開皇元年四月。發稽胡修築長城。五年使司農少卿崔仲方。發丁三萬。抵朔方。大業三年七月。發丁男百萬。築長城踰榆林至紫河四年七月。發丁六十萬。築長城自榆谷而東。陰山之長城遺跡無存。是長城爲歷代所建築。而秦政獨享其名也。

統萬城　卽赫連夏故都。義興九年赫連勃勃築於朔方水北。黑水之南。在河套南鄂爾多斯右翼界內。甯條梁之北。後改名横都城宋元嘉初。勃勃名其四門。東曰招魏。南曰朝宋。西曰服涼。北曰平朔。有清道光二十五年。榆林知府徐松檄懷遠縣知縣何丙勳。確查統萬城之故址。於是携南針隨步定向。從縣城之圁水西渡。出邊墻又西渡磨菇河又西渡西水河又西渡無定河地勢邐而高。曼陀二里許。至舊相傳之白土城細加相度。在懷遠城正西九十七里。至於古黑水（黑水河在無定河東距懷遠縣城五十里有淖泥河東入無定河之下流）其地有土圍三重。俱用土築。渡無定河西行二里。進頭道城。又西半里進二道城。又數十武進三道城。頭二道城。內僅餘瓦礫。已無遺址之存。惟三道城內南面。西隅鐘樓。東隅鼓樓。只存基址。堅築白土墩高六丈。無級可乘。鐘樓尙堪登眺。高約十二丈。白土築城。鷄籠頂式。大廈一間。半懸鐘。屋頂形跡宛然。周圍飛欄八層。揷椽孔穴。歷歷可數。尙有三四孔松椽半檝。係蒙古人猱升拔而薪之矣。南面列土墩七。堅硬如石。似係樓台之基。北頭有白土坡。似係宮殿之基。北城東西兩角。亦有土墩。當即俗所謂轉角樓者。內城東西不及一里。南北約一里。考其城在河套五原河南之西南。今已傾圯無人憑弔。據土人言。及每朔望昧爽時。空中輒現城闕之形。無定河斜絡城南。轉抱東城。而東北流懷遠以北。別無故城基址。此必統萬城無疑矣。

九原故城　在今之河套五原東界烏拉特三公旗北。與固陽縣界毘連。漢武帝元朔二年所築。

雞延城　即居延之轉音。在九原城之左。

郎君城　在九原城之右。

五原故城　漢光武建五原郡。徙其吏人置河東。與九原故城西北接對。確在陰山之北。今之五原東北。明統志謂在陝西神木。則大誤矣。

臨沃故城　東漢所建。河水東過臨沃縣南。注石門（即今之崑都崙溝）水自石門障東南。流經臨沃城以地理考之。在今之五原縣西南。以現在地理考之。當在烏拉前山分線處迤西。包頭設治局界內也。

宜梁故城　在河套烏加河之東北。與九原故城西界一山之隔。河水自西安陽東經田辟城南。又東經宜梁縣故城南闞騆在五原西南六里。又名曰石崖城

朔方故城　朔方城在今之五原縣東北。烏加河之南。謂之什賁漢時所建。

西安陽故城　距朔方城烏加河一河之陽。在今之五原縣東北。河水經朔方東北屈南。

成宜故城　在宜梁西安陽之間。濱近烏加河北岸。去五原西部塞八十里。

河目故城　在烏加河北岸。與今之五原縣對接。河水自陽山南。南屈經河目縣左。

稒陽故城　在五原郡東。今已劃入固陽縣境內。固陽縣命名亦取於此。以地理考之。在今之崑都崙溝北白彥溝迤北之間也。

臨河故城　即朔方故城今之五原縣烏加河西岸狼山南。與高闕塞相近。河水自高闕南。又東經臨河縣故城。西行五百里。分爲二歧。一爲南河其一分流至套外之阿爾布坦山南。迤西爲大泊。俗稱騰格里腦兒即古之屠申澤也屠申澤在烏加河上流。爲古之黃河故道。今已沙壓湮沒無跡。所謂北河是也。西漢有兩臨河之建。城則僅一也。

臨戎故城　在黃河南。今之五原西南。漢末時廢圯之。又曰賀葛眞城。唖把湖在其右也。

渠搜故城　在朔方故城之東南。

廣牧故城　在烏拉前山黃河之南。今之五原縣東南東勝縣境內。

蘇武城　相傳漢武帝時。武出使被留居此城。牧羊受辱之處。其城在五原縣黃河東岸。歸綏有其一。不知孰是。然按子卿被留時。在霍去病斥逐匈奴之後。陰山一帶已無虜跡。何又被留。相傳如是。姑存疑問。

李陵碑　在五原縣西北境狼山麓下。

中受降城　在五原縣境。烏加河北岸陰山之南。張仁愿所築。城內有拂雲堆祠。今已遺跡無存。

西受降城　在中受降城西。距五原豐州故城西北八十里。有李華三城韓公廟碑。元和八年。黃河泛溢。南城均燬壞。今更無存。

新受降城　在西受降城東中受降城西。唐開元中。張說築。北有雕鷄泉。

雲內州故城　在五原縣北。

豐州故城　豐州故城有二。在五原者爲隋之豐州城。在五原縣河套內。

天德軍城　在中降城西北二百里。唐天寶中所建。

大同故城　在天德軍城西南三里。隋時所築。

廢宥州　在黃河之南。杭錦旗界內。

河陰故城　在烏拉前後山之間。漢時所置。

敬本故城　在中受降城北。壕塹深峻。可以守。按以賈躭地理求之。想是九原郡城。趙武靈欲從九原直南襲秦。卽此地也。

范夫人城　在五原黃河北岸。漢將所築。應劭曰。范夫人漢將妻也。徵和三年。李廣利出五原塞匈奴要擊廣利於夫羊匈山陿廣利擊破之。乘勝追匈奴。北至范夫人城

黑城　在五原縣之黃河北岸。

成吉思汗墓　在五原河套之南。鄂爾多斯境內。七旗立有鄂博設達爾哈特五百戶。承辦祭祀。並派札薩克一員。專司其事。因以成吉思汗於歲次丁亥七月十二日歿於

圖爾獸格依城於是以輦奉柩至所。卜久安之地。因不能請出金身。遂造長陵。共仰庇護於彼處。立白屋八間。在阿勒坦山陰哈岱山陽之大鄂特克地方。建立陵寢。號爲索多博克達成吉思汗。自後元裔之襲汗號者。率即位於八白屋前。鄂爾多斯者。乃爲汗守禦八白屋之人。故以得名。至今每年夏歷七月。於鄂博行騾馬大會。西二盟王公羣趨之。如有會議事項。亦於是會議決行之。名曰乃金合洛會。殺牲賽神以祭之。有謂元太祖葬地在楡林邊外極西北。地名察罕額爾格譯語察罕白也。額爾格帳房也。亦與八白屋義合。地學雜誌張相文著成吉思汗陵寢辨證。記載最詳。

伊克昭　伊克者。蒙語大也。昭。廟也。今譯昭爲召。訛也。在鄂爾多斯境內。因成吉思汗園寢得名。七旗亦奉之爲盟。言其大也。

板禪昭　在五原縣西境。永濟渠下游。

福音寺　在五原縣境東大佘太村西北。依山而建。

古獨個爾昭　在五原縣境西協成地南。

梅令廟　在五原縣西距縣城二十里。

大梅令廟　在五原縣西蔓會村教堂地。烏加河東岸。

甲蹬壩昭　在東公中教堂地之北。

楊家河昭　在黃特勞亥河之東。王文祥牛犋之西。其北尚有一也。

德成渠昭　在吳祥地天德毓東西之間。

剛目昭　在忠義西之北。祥太魁之南。

狠山昭　在烏加河北岸。狠山東皮房之西。

常興堂昭　在曹四喜渠北。

義和渠昭　在田大人地東。一在把總地內。一在北牛犋之東北。

老郭河昭　在白家太營東。一在阜恆興之北。

塔布河昭　在姚家河頭之北。塔布河南岸。

第五章　要隘

河套居於綏遠之西。當中路之要衝。南扼陝晉北控庫蒙爲包頭西鄙之屏蔽。今將關於要隘地點。分晰列述。以備軍事之參攷。

河套　河套古名區也。居五原縣之全境。三面跨河。東北臨山。佔鄂爾多斯伊克昭盟之北。烏蘭察布盟之西南境。形勢雄坦。地理寬廣。誠爲西北要隘之重點。亦爲古今用兵扼要之區也。

榆溪塞　秦卻匈奴於河套。樹榆爲塞。

榆林關　在鄂爾多斯之南。忽洛池之間。五原城東。

光祿塞　在五原縣陰山之北。北假之東。秦漢時號爲絕塞

鷄鹿塞　在五原縣西境。烏加河西岸。屠申澤即騰格腦兒。後漢永元初。竇憲出鷄鹿塞即是處也。

石門障　石門障在大青山陰山烏拉前後山斷峽分線處。烏拉前山即牛頭朝那山一名曰雲迦關。現名崑都崙溝。又名光祿塞。原名石門子。即今之後口子也。漢時築支就城頭曼城虖河城宿虜城稒陽城（稒作固今固陽縣即取義於此即王莽之固陰）以爲障。秦孝公十一年。衛鞅圍魏降之。漢亦至稒陽塞。即是處也。當五原固陽包頭三交界之要衝。民國二年。蒙匪橫行河套。國軍據有此險以敗之。佔地勢優勝也。以西皆北假也。秦始皇三十三年。

使蒙恬渡河取高闕陽山北假中。築亭障以逐匈奴。漢元帝初元五年。罷北假田官。王莽傳。五原北假膏壤殖穀。遺兵屯田。即北假是也。陽山在河北陰山之南。似在古之河目縣。然以漢書地理志考之。應在東部都尉治下。北假者。以地假於貧民使墾種也。

余太河　發源處。爲敖西喜山。爲陰山南北之要衝。由石汗口海流兎口流入於套。

哈達門溝　俗稱謂之牧虎關。在牛朝那山由大佘太台梁逕南官井梁以通前山之荷葉薩齊亦要隘也。相傳高旺曾過此關。施有黃風術。以致迄今台梁終年風沙不息。想係高熲用兵之地。年遠代湮。遂以訛傳訛也。

西山嘴　西山嘴當烏拉前山之點。即北假之區也。南濱黃河。爲前山入套之咽喉。唐景隆中張仁愿築三受降城於牛頭牟那山北。置烽堠千八百所。自是突厥不敢度山放牧。減鎮兵數萬人。牛頭朝那山之名。則不免譌也。永淳初突厥入寇豐州。州將崔智辯與戰敗績。即此處也。

大佘太　大佘太在五原縣東境。爲烏拉後山入套之要隘。當五原縣東境屏蔽。關係全套要隘。爲軍事上必爭之地。民國二年蒙匪內犯。晉軍敗績。精華焚燬殆盡。至今元氣尙未復也。

莫倫河口　在大佘太西。山勢雄厚。與什拉葫蘆素山水大壩對峙。爲民國二年晉軍。與蒙匪戰爭之區。

烏補勒口　在五原縣東北境。通外蒙賽音諾顏之要路。

烏吉蒙太口　在陰山東北。爲外蒙入境之要隘。

烏藍石太口　在五原縣東北通外蒙要口。

海流木心口　在陰山正北。通烏拉特後旗貝勒府。郎中公旗。一日東大公旗之要道。

馬相口　在五原縣北境。通外蒙之要隘。

烏藍腦包　烏藍腦包爲五原縣北境重鎭。距縣城五十里。爲通事行與蒙人交易之所。民國二年蒙匪內犯後。晉軍團長趙守鈺築營以扼守。民國四年盧占魁又盤踞是地。其險要可知。

韓烏拉口　韓烏拉口。在狼山之東。外蒙庫倫來往之要道。

馬盖息便口　在狼山之東。正北越中公旗界。以達察汗泊遙北察汗鄂博

慶打口　在五原縣西北。通中公旗之要口。

馬池口　在狼山之北。通察汗泊

胡蘆斯兎口　在狼山之北。形勢險要。民國二年晉軍與蒙匪戰。遇伏敗績。卽是處也。

什盖記口　在狼山口東。亦險要之區。

狼山口　在狼山正北。五原縣西北。山勢層巒疊嶂。爲用兵險要之地。

東襖盖口　在狼山口之西。

烏盖口　在躧金烏加河正北。通木納山之要隘。

烏盖柏爾口　在五原縣西北境。狼山口之西。通木納山以達格拉山之要隘。

門他口　在黃羊木頭之北。直達塔起勒克圖鄂博之要隘。

什凉口　在躧金之西北。北可抵哈珀察齊泉

大壩圖口　烏拉山之西點。經西喇木倫河以抵察汗和砍山。

高闕塞　在狼山口之西。蒙古游牧記。卽所謂綽農陀羅海者也。其口正當黃河北流折東處。兩山對峙。有若門然。中間一路通新疆。較他路近二千餘里。古高闕或卽是歟。

按以游牧記考之。當在套西。按以形勢論之。應在石門障也。

大同川　大同川在中受降城西。即狼山灣也。所謂大同川指今之大同則誤矣。

水道要隘　河套北有陰山之險。南有黃河之恃。其黃河之要隘。則西起磴口東至蘇台廟又東至黃家灣又東至馬密兎又東至惠德成又東至同興堂又東至白二渡口又東即出套以達包頭南海子矣。

第六章　建置

邊郡之設。莫古於漢。雖迭經變遷。而形勢依然。今將歷代建置。關於五原河套者詳列之。

（戰國）　河套屬趙。武靈王破原陽以爲騎邑。秦幷天下。卻匈奴樹榆爲塞。三十五年除道九原抵雲陽。塹山堙谷以通之。

（漢）　河套本新秦中地。漢初入匈奴。武帝元朔二年。收其地。置朔方郡。使校尉蘇建築朔方城。領縣十。在河套者七。在套西者三。曰朔方。曰修都。曰臨河。曰呼遒。曰窳渾。曰渠搜。曰沃埜。曰廣牧。曰臨戎。又以九原郡改爲五原郡。設東部都尉治。擴充縣十六。曰。

九原曰固陵曰五原曰臨沃曰河陰曰蒲澤曰南興曰武都曰宜梁曰曼柏曰成宜曰稒陽曰莫䵣曰西安陽曰河目曰文國盧芳亂後。光武中興。始置并州以領之。遂將五原郡之固陵蒲津南興稒陽莫䵣河目六縣。另隸他郡。朔方郡之修都臨河呼遒窳渾渠搜五縣。而以西河之大城縣隸之。靈帝末羌胡大擾。流徙分散。建安三年始集塞下荒地。郡置一縣。領其民合爲新興郡僑治太原

（晉）晉并治晉陽領郡九五原郡爲九郡之一。建武入朔方永和五年徙治五原永建四年。復故新興郡。魏武分太原地。置治九原縣。石勒并朔方永嘉中劉衞辰據之。義興九年赫連勃勃在朔方水北黑水之南。築城曰統萬建都焉。

（北魏）魏初都盛樂後。沒於秦。道武興。以陘北爲畿內地。五原置朔州延和二年置爲鎮。後改爲懷朔孝昌中改爲朔州領郡五。爲太平大安二郡。其附化郡之附化息澤二縣南境隸東夏州之朔方郡。河套於是荒棄。

（隋）隋仍爲五原郡。開皇五年。置豐州五原郡依然統縣三。曰九原曰永豐曰安化仁壽元年。置總管府。大業元年府廢。七年爲五原郡。義寧元年。太守張遜奏改歸順郡。

煬帝廢州。仍爲五原郡。

（唐）唐初仍沿州制。以豐州轄漢民。乃別置羈縻州。以轄蕃戶。九原郡設都督府省。安化屬縣二。曰九原曰永豐。長安二十六年。還所遷胡戶置宥州。永徽初置燕然都護府。領狼山等羈縻府州共二十有七。德初又改爲單于大都護府。垂拱二年。罷鎭守使。開元二年復曰單于大都護府。十年置中東西三受降城。徙治安北大都護府於豐勝二州之境。天寶初改九原郡。安北單于二都護。並屬於朔方郡。

（宋）宋攻契丹。得豐州。後沒於西夏。徙治府州地名。曰寧豐

（遼）太祖神册元年。破唐置代北雲朔招討司。後改雲內州。隸西京道。領柔服寧人二縣。漸成井邑。乃以國族爲天德軍節度使。富民振武二縣。並屬豐州

（金）金取遼地。升豐州爲總管府。置天德尹。後並隸西京路。寧人入柔服。增設雲川縣。而西夏地如故。皇統九年。升爲天德總管府。置西北路招討司。以天德尹兼領之。

（元）元併夏金。仍爲雲內州。屬大同路。原初屬西夏中興等路。後廢屬寧夏路。

（明）明初置東勝衛。不久亦廢。入於蒙古鄂爾多斯暨烏拉特部。終明之世。皆不內

屬。

（清）清天聰八年。征服蒙古。乾隆六年設歸綏道薩拉齊廳以隸之。光緒二十九年。設五原廳駐包鎮遙制之。

（民國）民國元年。歸綏道改歸綏觀察使。五原廳改爲縣。三年改綏遠道以轄之。

第七章　設治

河套地方當明之時。爲蒙古所據。終世不屬內封。及至有清入關。定鼎以後。天聰八年。太宗征服察哈爾。土默特部衆悉降。河套蒙古各旗相繼來庭。遂增設協理通判分管之。乾隆四年。始有薩拉齊協理通判之設。遙制河套二十五年。改爲理事通判廳。二十七年改通判爲同知。光緒十年改爲撫民廳兼理事。廿九年山西巡撫吳廷斌奏以邊外地方民繁。非設官分治。無以爲綏邊弭患之謀。長治久安之計。加以各處蒙漢錯居。民教雜處。墾務議創。百廢待興。現既將界址勘有端緒。自非遴委熟悉邊情之員。先行署理。無以收人地相維之效云。遂析歸綏道屬薩拉齊廳治三百六十里之大佘太附益以達拉特旗杭錦旗烏拉特中西東三公旗地。置五原廳撫民同知理事銜。移山西汾州府同知一缺。駐於包頭鎮。以姚學鏡爲五原廳同知。其境界以包頭鎮西門外五里腦包爲起點。此爲河套設官之始。然在包遙制。人民仍復依然無所倚賴。嗣改議於隆興長皆未果。僑治包頭。不過稍有形勢而已。迨至三十年。又劃五原廳鄂爾多斯郡王旗地。添設東勝廳撫民通判。移山西汾州府磧口通判一缺。駐包治理。是包頭鎮仍屬於薩拉齊廳。而於鎮內有兩廳公署之組織。權限混淆。民苦不便。旋又改章。有距新廳治遠舊廳治近者。則仍歸舊廳管轄。以從民便。而糾紛愈甚。又三十三年山西巡撫恩壽等會奏略云。竊照前准西盟墾務大臣貽穀咨光緒三十一年三月初九日奏請將伊克昭盟郡王札兩旗改歸五原廳管理一摺。奉硃批著山西陝西巡撫會同妥議具奏。欽此。當經會商酌辦。查郡王札薩克兩旗。地勢迤邐相連。在河套以南。伊克昭盟鄂爾多斯部內。左爲準噶爾旗。右爲烏審旗與陝之榆林府接壤。郡旗寄民約七八千家。札旗寄民約千餘家。兩旗放墾之地。均在南境至活鷄圖溝而上。溝以南自康熙雍正至光緒年間。迭次展界。地畝俗稱新舊牌子地。其南界悉接邊墻。從前墾務未興。該旗地私墾人民。遇有詞訟命盜案件。每以距何處爲近。即赴何處呈訴。如兩旗迤南。則赴陝之神木府谷兩縣。迤北則赴晉之薩廳。近則草萊日闢。負來者絡繹於途。三公杭達等旗。既已設官分治。該兩旗事同一律。自未便任其無所歸宿。墾務大臣前奏。所以請隸五原廳者。誠因時制宜之計。因五原幅員太廣。若益以此兩旗之地。終慮鞭長莫及。茲查郡王旗之坂素濠（後改置羊場濠）地方。背負黃河西鄰大門。為兩旗適中平衍之區。擬於其處增設廳治。撫民理事通判一員。就墾界劃疆而理。新舊牌子迤南。一切命盜訟案。久向秦邊控訴者。仍歸陝省治理。迤北則統歸新廳管轄。此地在前明為東勝城。即名曰東勝廳。此五原劃治之所由來也。民國以還。元年命歸綏道為觀察使。廳改為縣。同知改為知事。裁大佘太巡檢。以節經費。二年與山西劃分。設特別行政區。裁觀察使。置民政廳管轄之。此為劃疆分治之始。三年將軍改為都統。增設綏遠道道尹。五原縣依仍其舊。四年築城於隆興長遷治焉。以烏拉特三公旗地及右翼後旗與左翼後旗之西境隸之。又綏遠道尹詳以據五原縣詳覆。遵查職縣。東界薩縣。西界甘肅平羅縣。南界陝邊。北界大漠。袤延千餘里。縱橫六七百里。耳目難周。控制匪易。縣屬大佘太地方。為南北之要衝。外蒙出入之門戶。又有躍金地。西接寧夏三百餘里。南連陝邊。北至狼山東至隆興長亦二百里。形勢扼要。非僅爲甘陝之大道。亦外蒙出入之要津。擬請各設縣佐一員。以資佐理等情。查該縣轄境遼闊。向係寄至包頭商民望治。庶政未興。重以前年蒙匪內犯。該縣適當其衝。地方精華蹂躪殆盡。盜賊充斥。比戶流亡。現雖飭移本治。然撫循亦有難周。縣佐之設。實較他縣爲尤亟。其大佘太及躂金兩處。一居該縣東北。爲外蒙出入之要津。一居縣之西南。爲甘陝交通之大道。形勢均關重要。似均設有設置縣佐之必要。惟茲値國家財政困難。建設宜權輕重。躂金距縣治較遠。控制較大佘太更難。擬僅於該處設置縣佐一缺。正在進行。都統潘榘楹去任。又復中輟。八年析縣屬之烏拉特東中兩公旗地。別屬固陽設治局。（今已改縣）十二年又析烏拉特三公旗前山西山嘴及後山七分子以東。屬包頭設治局。十三年七月綏遠都統馬福祥又復注意五原四境。各擬添設縣佐。委派綏遠實業廳廳長兼墾務總辦段永新。前往勘查。予得隨往服務。遂建議割長濟渠地以東爲大佘太設治局。豐濟渠地以西强油房地方置臨河設治局。（即漢時臨河縣之故址）以資治理。馬都統准如所請。並擬在西山嘴地方再添設縣佐一員。以補不足。一俟呈明政府。卽可實行。惟經費以原有西盟墾務分局裁撤。

所有經費七千餘元。藉資挹注補助。其不足一萬餘元。亦不難籌措。此五原現在改治之情形也。

第八章 墾殖

我國西北之實業墾殖爲先。不待智者而知矣。而墾殖良好之區。莫過於綏遠之河套有明以世。蒙人封閉自錮。利棄於野。及至清代末葉。一般地商與蒙旗訂立草約。任意私墾。遂致械鬥之風。殘殺之案。不一而足。官蒙亦無可如何。地遂以闢。陝山人民。亦由此日漸儔集耕種。然仍春出秋歸。未能臻於繁盛。此河套墾殖發端之大略也。光緒朝山西巡撫胡聘之奏請開辦墾地。事未果行。庚子拳匪之變。岑春煊由甘帶兵赴京勤王。路經河套注意開墾之謀。兩宮西巡回鑾。奏請貽穀爲西盟墾務督辦大臣。於二十九年着手進行。此公家開墾之大略也。溯西盟開辦之初。原議從烏蘭察布盟之烏拉特中東西三公旗着手。嗣因聯盟抵拒。費盡唇舌。而伊克昭盟之達拉特杭錦旗方克先後遣派蒙員接洽商議。乃於二十八年八月籌辦設局事宜。至二十九年六月始行開辦。先由杭達兩旗修渠招墾人手。次第擴充。三十一年歸化墾務總局裁撤。遂改包局爲總局。名曰西盟墾務總局。委任姚學鏡爲總辦。河套敷設分局十餘處。以資辦理。當時貽穀大臣辦理墾政。對於蒙民恩威並施。規模大舉。不幸獲譴去官。以致功虧一簣。然爲西北開發利源之首創。其功固不可沒也。予於光緒三十年。先在河套辦理墾務六年。嗣後又在包頭辦墾三年。民國以還。服務綏遠墾務總局又五年。前後忽忽十餘載。感逝流光。職名不立。惟於墾務情形。尚能知其梗概。今將關於河套一部分分晰言之。以備留心墾政者之參考焉。

達拉旗報墾之始末　達拉特旗報地。其別有二。一曰放墾地。即四成補地是也。一曰永租地。即現時包種征租之地是也。四成補地報墾。因庚子賠教一案。欠欵甚鉅。該旗幾次籌償。尚欠尾數銀十七萬兩零。無力措交。擬以蒙地作抵。其時該教士欲得現銀。而不願留地。以致教案交涉。一時不能完結。遂由綏遠城將軍信恪。山西巡撫岑春煊。西盟墾務督辦貽穀。設法籌贖。招集公司。共湊銀十二萬兩。贖回達旗賠教地畝。其不足之數。仍由山西籌措應用。以濟蒙旗之急。而遂教士之心。一再與達拉特旗交涉。始而居奇。往復確商。始將薩拉齊南瀕臨黃河之四成生熟地一段。允交二千頃。每畝地

價以七錢核算。招戶承領。共抵銀十四萬兩。規定之後。除應折扣河渠昭廟牛犋柳林
不堪耕種之地外。儘數勘丈實丈淨地一千二百三十五頃。其不足之地。將河套長勝
渠內黃瑙樓上下買不色八拜水道燕安河等處渠地報墾。所謂四成補地此爲西墾
入手之基。並將長勝渠改名爲長濟渠此即水利進行之開端。着手之初。黃河漫漲。報
墾之地。多被淹沒。招戶承領。稍有停滯。此項地畝荒價計分四等。曰上地。曰上次。曰中
地。曰中次共放上地八百零八頃五十六畝九分。每頃價銀一百兩。合庫平銀八萬八
百五十六兩九錢。共放上次地三十八頃二十三畝。每頃價銀九十五兩。合庫平銀三
千六百三十一兩八錢五分。共放中地四百零四頃七十五畝五分。每頃價銀九十兩。
合庫平銀三萬六千四百二十七兩九錢五分。共放中次地一百六十八頃四十四畝
六分。每頃地價銀八十五兩。合庫平銀一萬四千三百一十七兩九錢一分。綜計四等
地共放一千四百二十頃。合庫平銀十三萬五千二百三十四兩六錢一分。常年歲租
併四等爲三。計上地每畝應征銀二分二厘。中地每畝應征銀一分八厘。下地每畝應
征銀一分四厘。每年共應征銀二千八百一十二兩四分九厘。其領戶多係官戶。不啻

經營。以致渠道淤廢。地畝荒棄。民國以還。匪患頻仍。牛犋遷徙一空。滿目荒凉。一時不能振興。十一年間經綏遠墾務總辦段永新。爲補救農業起見。遂將常年歲租。以有青苗之地交納。其荒廢者豁免。藉示體恤招徠之意。呈由綏遠都統轉咨財政部核准在案。而一般地戶。多已散失内地。一時不能歸集。將膏腴之地。任其荒廢。殊爲可惜。此河套四成補地墾殖今昔之情形也。永租者。由墾務局年年招種徵收租銀。其地租而不放。公家但爲蒙旗經理。地仍屬蒙而不爲我有者也。報墾之初。係由達拉特旗遣派台吉巴咱爾格爾第到綏商辦。光緒二十九年四月間。巴咱爾格爾第呈請先儘長勝（改名長濟）躔金（改名永濟）兩處開渠墾放。其餘該旗各地段。聽候任便陸續開渠。渠水能到何處。地即放至何處之提議。貽穀大臣七月派員勘查。八月由達旗正式呈報。以永租地渠至何處。即將何處開墾。日後所得租銀。以七成歸公。三成歸旗。是爲達旗報墾永租地之始。然達旗之地。早爲地商私墾。如老郭（改名通濟）沙河義和豐濟剛目各渠地是也。蓋地隨渠爲轉移。無渠則地等同石田。是地爲達旗所有。而渠係地商所挖。故達旗雖將地畝報墾。而渠不得不由公家收回。方能着手。至三十年起。始將後套各渠勸導地商報效收回。而地商王同春在二十九年間。報出中和渠。由西南河岸起至東北杭達兩旗交界止、約長二十三里。又東北連接開渠約長二十三里。係與王在林韓鉞所開。王同春應有十分之五。嗣因無力。而又以陳四阻撓。是以不能再開。在達有地無渠。在杭有渠無地。倘開官渠。計當可省工三十餘里、固不無小補、若欲全行澆灌、非將剛目當火兩河。循舊渠濬不克盡其地之所有。並將隆興長房院一所。車二輛。馬六匹、牛四頭。情願一併報效。此地商報墾之始也。公家接收之後。租銀計分四等。上上地每頃收租銀四十兩。上次地每頃收租銀三十兩。中次地每頃收租銀廿五兩、下地每頃收租銀二十兩。所收租銀以二成爲渠工、其餘分爲十分。以蒙得其三。公得其七、此公蒙初次規定之條件也、自公家收回、積極整理。每年可丈青苗兩千頃以外。綜計光緒三十年起至三十四年止。共征租銀二十一萬三千一百六十一萬九錢九分。至宣統年有加無已。而達旗竟欲收回自辦。經墾岫督辦商定。每年收回租銀。公蒙各半。迨至民國以還。政局變更、遂致渠地全行廢弛、所有貽督辦慘淡經營之功、百萬元渠工之費、一旦損失。前功盡棄。至今人士、莫不感嘆。及至元年公家無力興修渠道、改爲民戶包租、每年以兩千頃承墾。每頃以十五兩交租。共合庫平銀三萬兩。公家各得其半。渠歸租戶修挖。辦理數年。民力未逮。拖欠愈鉅。議者以散戶承包。致有經營失宜之誚。九年間又有蔡成勳都統使第一師旅長楊以來假借灌田公社。統包八渠永租地畝之後。一意貪圖私利。不顧全局。截至十一年積欠租欵十萬餘元。渠道廢壞無遺。經五原紳董王同春張厚田楊文林楊嗣殷崔國仁魏三槐王喆馬驥等呈請整頓。夏經綏遠墾務總辦段永新。呈明馬督辦。與灌田公社楊以來。一再交涉。始行收回。由五原地方人士組織匯源水利公司承包豐濟永濟剛目沙河義和五渠之地。其長濟塔布通濟三渠之地歸興農社承包。至各渠餘地由原地戶承租。並規定章程十七條。以資遵守。而河套水利經費已墾地。每頃應征銀一兩二錢。未墾地暨召廟地。每頃應征銀三兩三錢。每年可收經費洋五千餘。本年遂設水利總局。以資整理。擬於十四年分起實行。此永租地現在辦法之改定也。

杭錦旗報墾之始末　杭錦旗報地之初。該旗貝子阿爾賓巴雅爾。遣派梅令棍布到綏議商。當由貽穀大臣飭令指報。而該旗札薩克憤棍布之擅行指報。中途反悔。經貽穀大臣一再嚴責。脅以奏參。札薩克始終拒抗不允。及議定仍由梅令棍布自行指交。仿照達拉特旗辦法。渠至何處。即開至何處。札薩克忿憤於是咨呈理藩部將梅令棍布革職。報墾事更形堅持。貽穀大臣乃以違抗朝旨。搖動大局。奏參革去該札薩克之伊克昭盟盟長之職。該札薩克怵威求全。始將杭盖中東兩巴噶地段報墾。東北地界達拉特旗。西界王喜舊渠。北南界黃河。仍言無論如何。總不能依照梅令棍布所報之地辦理。光緒三十年爲開辦之始。分爲四段。曰元亨利貞。共設四分局。屬於西盟總局。又續報兩巴噶之西界。王文祥耕種地之黃托勒盖河東畔地一段。東界藍鎖河。西界黃托勒盖河南界黃河北界達拉特旗地。內分渠地旱地兩種。所報兩次之地。共計東西長約二百七八十里。南北寬約七八十里。可放地四千餘頃。即以四千頃計算。每頃以七十兩計之。共應征押荒銀二十八萬兩。嗣後改訂渠地爲五等。曰上地。曰上次。曰中。曰中次。曰下地。價與達旗同。惟下地每頃規定地價銀八十兩。嗣後續放之地。又改上地九十兩。上次八十五兩。中八十兩。中次七十五兩。下七十兩。旱地計分五等。上地每頃押荒銀五十兩。上次地四十兩。中地三十兩。中次地二十兩。下地十兩。綜計渠地共放地二千八百三十九頃五十畝二分。共應征銀二十五萬七千二百八十八兩九錢七分。旱地共放一千一百七十八頃五十三畝。共應征銀四萬七千九百八十三兩一錢三分。兩項總計地四千一十八頃三畝二分。共合庫平銀三十萬五千二百七十二兩一錢。常年歲租渠地併爲三等。計分上中下。與達旗同。旱地亦分三等。上地每畝應征銀一分六厘。中地每畝應征銀一分二厘。下地每畝應征銀一分。以上兩項渠旱地畝。每年應征銀二千七百四十兩八錢一厘。惟所用渠道淤廢。此項地畝。因之大受影響。墾務總辦段永新於十一年間。與達旗地畝同案呈請。見青納租。民困稍蘇。然此項地畝。丈放最寬。夾荒餘荒甚多。如將來渠道疏濬。地方發達。則清丈可增三千頃以上。而昭廟地當杭錦旗報墾時。本定每廟每面撥給二里半。嗣於光緒三十一年間。規定大廟每面丈給五里。中廟四里。小廟二里。丈時連廟中心計算。復行規定昭廟之地。由公家代租。每年每頃給昭廟銀五兩。公家收渠租六兩。嗣又墾請收回自行經理。至今仍屬私墾。每年公家每頃僅收水利經費銀一兩二錢。現已撥歸水利總局經費。至戶口地自報墾後。租地一頃。給銀五兩。嗣以聯名懇請發還。以資養贍。擬定原戶口有地百頃者。准給十分之二。有五十頃者。准給十分之三。有二三十頃者准給十分之五。十頃內者。按以八成。札薩克呈請以有戶口地者。僅數十戶。倚賴牧廠爲生。懇請一律撥給。三十二年貽穀大臣派員往勘。將沿河一帶廢地給作牧廠。自姚家寨子起。西至黃托勒亥河止。計長二百十五里。寬六里至二里不等。自劃撥以後。卽將原戶地收回。蓋原戶口地多係膏腴之區。而沿河之地。均斥鹵之地也。現在蒙人牧廠。多在沿河一帶。藉以謀生。此杭錦旗報墾始末之狀況也。

烏拉特西公旗報墾之始末　河套地方。自杭達兩旗報墾。其東首尚有西公旗膏腴之地。其初堅不報墾。公家一再交涉。光緒三十二年八月間。始指報烏加河迤南什拉葫蘆素地一段。東至舊有山水壩爲界。南至什拉葫蘆素南大渠爲界。西以達拉特旗爲界。北以山水壩爲界。嗣又添報紅門圖地一段。彼時山水壩多已廢圮。烏加河水又復漫溢。非修挖渠壩。難資招放。且距大佘太甚近。地屬膏腴。三十三年間委派會辦元愷辦理。予初隨同勘丈。繼又委派專修渠壩工程。所放之地。共計分爲四等。曰上上地。每頃押荒銀一百二十兩。曰上地。每頃一百一十兩。曰中地。每頃押荒銀一百兩。曰下地。每頃押荒銀九十兩。共放地一千七百餘頃。合征庫平銀一十七萬九千餘兩。贖地之主。多係官僚。無農業之經驗。以至今日地畝荒廢殆盡。而積欠荒價尚在五萬餘兩。雖有丈青征收歲租體恤之明文。而地戶散漫他處。無從補救。按以歲租照以四成補地規定。現在公家雖擬將拖欠之戶撤回另放。而渠道一時未能疏濬。承領之戶。仍屬不甚踴躍。此西公旗報墾今昔之大略也。

第九章　水利

黃河之爲患於中國。盡人而知之矣。然在下流則爲患。在西北則有利。而且西北水利振興。則下流之患亦不難消除。此則世人所未知也。按黃河發源。在青海巴顏喀喇山脈間。星宿海爲起點。入甘肅西寧道境內。西寧卽古之西羌。又謂之湟中地。當青海入甘肅之孔道。正東經巴戎循化兩縣。順小積石山入蘭山導河經皋蘭縣北鎮遠橋。曲折北流出長城過蘭州靖遠。折而東流入寧夏道境內。復入長城。經中衛金積靈武寧朔。又東折而東北流至寧夏出邊墻。以達平羅。卽入於河套。所謂西套者也。計長一千三百里。由賀蘭山阿拉善額魯特旗東麓北行。入綏遠五原縣之境。爲狼山所阻。向東

河套之黃河故道圖

（即烏加河圖每方十里）

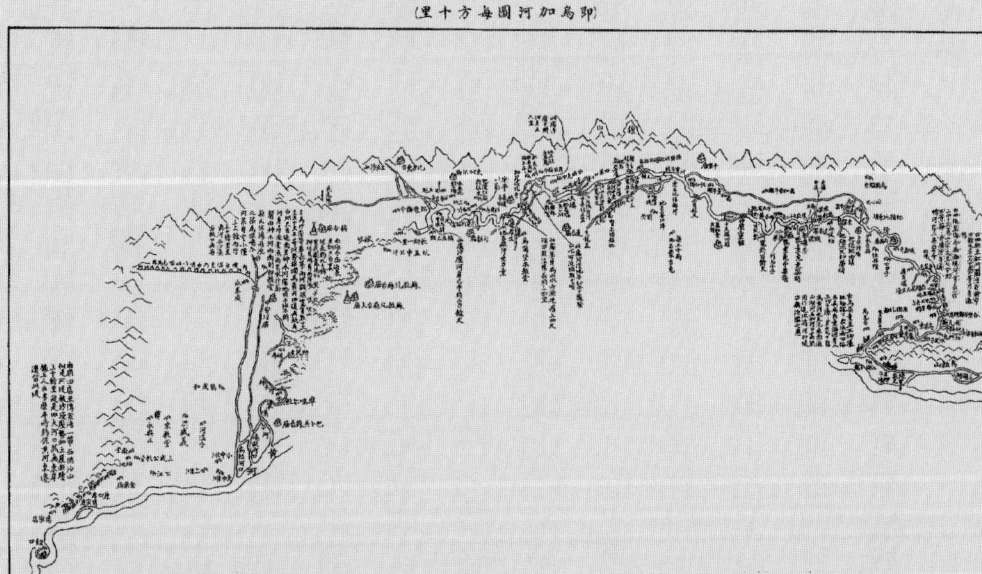

流行由西山嘴經托克托縣會黑河折而南流。經清水河縣西。曲折南下。入山西陝西境。環繞鄂爾多斯旗之三面。南限邊城。稱曰河套。所謂黃河百害。惟利一套。是也。其實河套一隅。專指五原縣境一部分。其他則謂之河西。非河套也。唐時。始興水利。貞元七年。開延化渠。引烏水入庫狄澤。溉田二百頃。爲水利提倡之始。永徽四年。置有陵陽渠。建中三年浚之。溉田置屯。尋棄之。有咸應永清二渠。貞元中刺史李景略開溉田數百頃。嗣後歷代亦未注意於是。及至有清。始有地商私租蒙地。實行水利之經營。漸次發展。光緒末葉。由貽穀大臣。收回辦理。此水利歸入正軌之概略也。

河套之黃河故道卽今之烏加河。古之北河也。循狼山之南。跨烏達兩旗之間。迤西則隸杭錦。尋源溯委。縣亘七百餘里。河身現時。僅寬二百餘丈。至二三十丈不等。形如弓背的起點。在阿拉善額魯特旗之傅家灣。爲黃河之故口。而土崖斷續。新黃河不能流入。遂南遷。卽今之黃河新流也。至準格爾教堂所挖借用渠身。不過三丈。當年河道由準格爾以北。地均平坦。不辨河身。七十里至納只亥。再由納只亥迤東。沙山橫亘。勢若長峯。寬長不等。高下懸殊。一百二十里至沙溝堰。再東在杭錦旗西巴噶。土人呼爲岡岡午作河。蒙人呼爲老不更河。言其爲舊大河也。再東名可淖仍爲沙山所壓。循北山根。河身分爲兩道。東行數里至義太魁又由義太魁至梅令廟。或沙山積壓。橫亘河中。或土隴淤塞。深谷爲陵。河岸又多爲山水冲刷。缺殘斷續。由梅令廟迤東岸宇整齊。河水尚可澆灌。再東一百九十里至紅們圖河身均尚完整。由紅們圖百里至王柳濠地極窪下。衆流所歸。俗名曰烏梁素海。淤平不明河身者。約十七八里。河勢寬泛。漫無際涯。然水匯於烏梁海則不得出。黃河故道之利益在於能受上游諸渠之水。轉輸於下游諸渠。爲河套諸渠之總幹。若不將此黃河故道疏濬。使全套血脈流通。則水利決不能達圓滿之目的。因黃河故道地勢居高臨下。用水最易。若以現在新黃河而論。地勢居窪。使之北昂。必難灌漑。予於故道周歷測勘。經三月之久。始知關係之要。願我水利家注意修挖。勿稍忽之。河套之中。惟杭錦。達拉特兩旗。兼跨黃河處處依渠爲命。自河南徙之後。地愈廣衍。山陝人民爭趨佃種。是以地爲私墾。渠亦私開。凡到河套種地者。甫經得地。先議開渠。支別派分。各私所有。往往一渠之成。時或需至數十年。欵或糜至十餘萬。父子相代。親友共營。而已成之渠。又必時有歲修。需款浩繁。所謂經營水利。良非易也。光緒十八年議者。擬於河套西之纏金開屯設官。事未果行。光緒二十九年始完全收歸官有。私渠亦全行報效。惟民國以還。大都廢弛。殊屬可惜。將來興復。非投資五百萬元。不能挽回。而期永久。十二年春。馬都統委派予赴天津與潘馨航屈文六兩君接洽。設立公司。經營水利。予建議二十二條。擬以招股三百萬。為河套水利宏大之組織。雖承贊許。繼又中輟。殊可惜也。

河套有大幹渠八。曰永濟曰剛目曰豐濟曰沙河曰義和曰通濟曰長濟曰塔布其塔布長濟永濟三渠開創之初。均係予所修。此次重游歷視。大都淤塞。以予六年風雨辛勞。一旦廢弛。不勝今昔之感。

一永濟渠　原名纏金渠。係地商永盛興錦和永等。於道光五年借貸達旗之欵。未能歸償。以地作抵。遂開此渠。由黃河起點東北。至補隆淖爾。長一百八十里。至烏加河止。又開東中西三渠。暨樂善堂渠三十里。其形如箒。歸公後予得專司其事。另闢新口。自沙峧循西大渠口以抵北稍。計長二萬三百六十七丈二尺五寸。又開枝渠六。曰樂字渠。原名樂善堂。計長四千八百二十五丈三尺。曰藍字渠自樂字渠起至圖林盖河止。

計長一百一十丈。曰永字渠原名西大渠計長三千三百四丈六尺。曰遠字渠原名中枝渠計長四千三百四十丈五尺。曰流字渠原名舊東渠計長八千八百五十六丈。曰長字渠原名新東渠計長六千二百八十九丈七尺。其永濟幹渠之病。因公中廟渠腰太軟。每年時有淹沒之患。而渠無專身。下游亦不免淤塞。今有王同春欲將長字渠劈成正身。渠稍入剛目境內之烏加河需費洋五萬元。如能告成。則永濟渠可一勞永逸。爲八大幹渠之最優者。

五原城基地辦理之始末。　查五原設治。始於光緒三十二年。爲達拉特旗未經報墾之地。貽穀大臣飭給地價五千兩。迄未發給。久之始由墾款項下借提銀一千四百兩交領。派員查勘該地應行劃留放墾。分別等則。以及澆水情形。並墾放章程。然未經核定頒行。此項城基地。於三十四年丈過八十餘頃。共征三成折色銀四百餘兩。七成本色麥子三百餘石。民國元年。交由地方官自行招放。因無人承領。暫照墾局租地章程辦理。又因不能借用義和渠水。租戶日漸減少。三年始由墾務代議招放。五年從復規定。可堪耕種者約五百頃。每頃以四十兩計之。可收荒價銀二萬兩之譜。房基地可售四十餘頃。每頃以四百兩勻算。約收荒價銀一萬六千餘兩。以上兩項共可收銀三萬六千餘兩。內除城牆四圍計長一千二百四十一丈八尺四寸。厚一丈六尺。牆內留路二丈。外城濠留沿寬二丈共計二十丈三尺五寸。合地四頃三十七畝七厘。衙署地基長九十一丈三尺。寬六十六丈四尺。合地一頃一畝四厘。城內留南北路一道。寬四丈。長三百二十丈四尺五寸。合地二十一畝三分六厘。又東西路一道。寬四丈。長三百二十丈四尺五寸。合地廿一畝三分六厘。留高等小學校地基五十畝。初等小學校地基五十畝。留街巷地一頃。文廟地五十畝。武廟地五十畝。又街道由五原城南門隆興長橋頭止。長一千八十丈。寬二丈。計九十畝。其中曲巷臨時留九十畝。房基地分爲三等。上等每畝征收庫平銀六兩。中等每畝征收庫平銀四兩。下等征收庫平銀二兩。墾地分爲三等。上等每畝征收庫平銀六兩。中等每畝征收庫平銀四兩。下等地每畝征收庫平銀二兩。子枝各渠民戶自行修挖。房基地不分等則。每畝升科銀二分。由五原城南門起至隆興長橋頭。修築馬路一道。長一千八百丈。寬五丈。此規定城基之大略也。嗣以地勢高昂。無人承領。十二年又復減等。始行踴躍。現在未放之地。僅七號。王同春又挖新支渠一道。澆灌甚易。再能於城南多修枝渠。則城基不難普澆。附圖於左。

綜述上項河套之墾殖。係屬歸公者而言。現在達旗又將奇克穆地報墾約一千餘頃。尚未勘收丈放。其他私墾地。如大佘太台梁召廟戶口地。以及教堂地。爲數在二萬頃以上。沿烏拉後山三公旗之牧廠及私墾地。爲數亦在萬頃以上。如能逐漸施設。銳意進行。將來墾殖前途之發展。豈可限量哉。

一剛目河渠　一名剛毛。又曰剛卯。一曰剛門。咸豐年間。商人賀清開濬。股分衆多。支渠林立。渠身甚長。渠口有新舊。自黃河起點至於烏攝古琴出稍。直達達拉特旗之綵汗淖禿龍蓋等處。計新口長七百六十丈。爲王同春續開。舊口在黃芥濠長三千六百丈。兩口均流於正身。而舊口至新口交界處長四千丈。由正身至永盛和長二千六百丈。由永盛和至張存梅渠長一千七百丈。由張存梅渠至復隆長長二千一百丈。由復隆長渠至呂三渠長一千一百丈。由呂三渠至沙梁長一千丈。又由烏攝古琴渠至沙梁長二千三百丈。共計舊口至渠稍。計長一萬四千八百丈。查此渠之新口爲王同春集股開濬。坐落劉三地內。至舊口之東。距黃河正身四里。由黃河之西。北流有套河一道。斜向東南之水倒入新口。名曰倒灌口。各地戶均用此口。計長七百六十丈。公家收回。爲予友賈秉臣經營修挖。由色蓋地起至色蓋天生濠止。開生工一段。又自天生濠起迤東至舊剛目河止。又開生工一段。其枝渠十有其二。曰永盛和渠。因永盛和張雙駒天吉泰祥泰魁四號。共修之枝渠。澆灌賈家蓋地老大他拉地察汗淖地三段。計長九千丈。內有子渠十六。張存梅渠計長二千八百四十丈。內有子渠六。高喜四渠計長五千四百丈。內有子渠三。可澆色蓋地七十餘頃。曰周大存娃渠。又曰霍錫齡渠。計長五千四百丈。內有子渠九。澆灌色蓋地。張樞林渠。計長四千七百丈。曰陳雙牛渠。計長三千二百丈。內有子渠二。澆灌色俊圖地。曰永厚成渠。又曰麻二渠計長一千八百丈。內子渠八。澆灌紅頂甲格齊地曰烏塊補隆渠。計長七百丈。曰同元成渠計長一千九百丈。內子渠二。可澆地六十餘頃。曰李萬福渠計長一千四百丈。內子渠二。可澆地六十餘頃。曰韓鉞渠計長三千六百丈。澆灌哈木蘆庫倫賈家圪洞烏攝古琴之地。約百頃。曰呂三渠計長三千四百七十丈。約可溉古獨棍地八十餘頃。曰白言太渠。又萬英渠計長二千四百二十丈。內子渠三。可澆地七十頃。曰王步來渠。計長五百四十丈。

可澆小格廟丹把地十餘頃。曰康福祥渠。計長五千四百丈。可澆哈獨拐淖地二百餘頃。現在此渠多已淤廢。若再修復。約需工貲在兩萬元之譜。始克通暢。並可澆地千頃上下。只視經營者之進行如何耳。

豐濟渠　原名中和渠。又曰天吉泰渠。爲地商王同春韓鉞所開。計長一萬六千七百七十四丈。歸公後爲予友許藻卿接續修挖。由蟒盖圖至五分子加長二千三百四十丈一尺。其子渠有五。曰王在林渠。計長四百丈。並可借用竈火河水。澆灌水道他拉地三百餘頃。曰韓鉞渠。計長一千五百八十丈。又東枝渠計長九百丈。又西枝渠計長九百三十丈。又中枝渠計長八百二十丈。共可澆地百餘頃。按以現在渠身完好。經營得宜。以河套水利言之。此渠佔八渠之冠。農民亦藉此有所依賴焉。

一沙河渠　原名永和渠。亦係地商王同春所開。自黃河起至梅令廟止。計長一萬六千八百丈。而幹身又有恒河渠。又曰爛大渠。又名和合源大渠。爲王同春所開。自黃河起點北行至南牛犋永和渠。東枝渠計長一萬五千丈。歸公後統名曰沙河渠。修理得法。迄今適用。且能引水入於義和渠。普灌他處之地。至和合源枝渠三道。一西太渠。自沙河起至孟興德房西南止。計長一千九百八十三丈。一中渠自沙河起至哈拉噶爾濠止。計長二千二百四十丈。一東渠自沙河起至沙梁止。計長一千四十丈。十三年又由沙河開城渠由城北。繞流城基地。可資灌漑。若能再於義和渠挖一枝渠。繞流城東南。則城基地五百頃。不難普澆矣。

一義和渠　係地商王同春所開。蜿蜒最長。自黃河起北行至錦繡堂北歧爲三枝。一東引通大盛成渠。一東北行通老郭渠一北行爲本渠之正身。至舊把總地。又歧爲二。

一東行通老郭渠一北行經五原縣南降興長通烏加河計長一萬八千丈。自西公旗什拉葫蘆素報墾。即將此渠劃歸專渠。上游之地。平口澆水。如水小不得已時。得在舊把總地築壩數日。以資灌漑。惟近年黃河南遷。舊口已不適用。另修新口。耗費三萬餘元。仍不通暢。十三年借用沙河之水。將來黃河若不北徙。此渠終難得益也。

一通濟渠　原名老郭渠係地商郭敏修所開。在口曰四大股在尾曰五大股爲河套水利開始之大渠。自黃河起點至板担渠稍止。袤延二萬一千六百丈。爲河套八幹渠最長之渠。灌漑杭達兩旗地畝最多。而退水由烏加河澆漑下淖之地尤衆。分枝於短辮子河。通長濟渠係天生壕。計長七千二百丈。又自黃河口至白家渠口。計長一萬八百丈。內借用天生壕河甬四千五丈。其修挖之渠。計六千三百丈。此段乃郭敏修史老虎萬太公李達元四家公開。所謂四大股是也。又自白家渠口至板担渠稍止。計長一萬八百丈。係郭敏修獨開。所謂五大股是也。其枝渠有二十七。曰義成公四渠係地商陳四史老虎積厚堂三家合開。一枝在義成公南。一枝在義成公北。曰復太長二渠。地商賀瑞雄所開。一南北渠自老郭河起至奔把圖壕止。計長一千一十三丈。一東西渠自義和渠起至王三房東北止。計長一千六百九丈。可澆地二百餘頃。爲當年王同春與陳四爭執澆水之要點。曰吉爾蠻太三渠。一在村北。一在村西。在村北者。引短辮子河之水。在村西者。一口兩稍。引四大股水用之。此項枝渠自老郭河起至柳林子東南止。計長九百三十五丈。曰高金科渠。又曰高蔡兩家河。又名蔡家渠。計長五千五百二十丈。曰李達元渠。計長二千九百二十丈。澆地二十餘頃。曰劉保小子三渠。又曰白家渠。又曰頭道渠三道渠四道渠。統計長五千二百丈。可澆地一百四十餘頃。曰鄭映斗二渠。又曰萬太公渠。又曰西大渠。計長一千八百丈。又人字渠。計長七百八十丈。可澆地三千餘頃。曰史老虎八渠。又西北東南十字渠自老郭河起至蔡家渠止。計長一千四百二十丈。又南北十字渠自老郭河起至渠稍止。計長八百八十五丈。曰郭敏修三渠。係用短辮河之水。出於老郭河幹渠之外。公家收回。爲予友徐潤之所修。普灌地畝。於光緒三十年至宣統末年。嗣後稍有失修。亦尚可用。旋以黃河南遷。另闢新口。則日見失敗。及至灌田公社於民國九年包租。坐享其成。不加工作。遂將此良好之渠。全行廢壞。若再修復。非需工資五萬餘元。難期澆灌也。

一長濟渠　原名長勝渠。地商侯應魁所開。借用塔布河上游之渠身。計長三萬六千丈。每年灌地不下千頃。而渠身多占高昂之地。惟曲灣太甚。時多淤阻。是一大病。改道他徙。又係低窪之區。所以迭次興修。而迭次受害也。計枝渠二十一。曰樊三喜五渠。可澆五十餘頃。又南大渠計長九百四十丈。東大渠計長四百七十丈。東小渠計長二百八十丈。北大渠計長一千九百五十丈。退水渠計長七百三十丈。曰楊賜忠三渠。可澆地一百餘頃。計長二千七百四十八丈。又人字渠計長二百三十七丈。又十字渠計長三百四十八丈。曰夏明堂三渠。可澆地七十餘頃。又西大渠計長二千三百四十丈。西北渠計長四百五十丈。喬相華四渠。可澆地二十餘頃。大渠計長一千八百丈。西大渠計長九百九十丈。十字渠計長三百六十丈。東渠計長三百三十丈。曰王存二渠。可澆地十餘頃。東渠計長一百八十丈。西渠計長九百丈。曰樊根來渠又曰西大渠計長一千五百丈。曰高金科三渠。西大渠計二千二百三十丈。東大渠計長一千二百六十丈。半截渠計長七百丈。歸公後。予修其上游。予友俞子信專修下游。詳細測勘。改修下淖之地。莫不得其利益。不意民國九年。自經灌田公社接辦包租後。未能投資興修。全行廢弛。十餘萬之工本辛勞。一旦全功盡棄。此渠若再興復。又須十餘萬元。始克有濟。河套辦理水利之難。於此可見一班矣。

一塔布河渠　塔布蒙語五數也。又曰五大股因地商樊三喜吉爾古廢夏明堂成順長高和娃合股所開。故曰五大股。自黃河起點經布袋口循成順長至渠稍。計長一萬八千丈。內有枝渠二十一。曰樊根來五渠。又曰小東淖渠。計長四百三十丈。大東淖渠計長二百二十丈。董應魁渠。計長一百五十丈。北淖渠計長三百一十丈。大西淖渠。計長五百二十丈。曰陳駝羔四渠。可澆地五十餘頃。一名頭道西南大渠。計長七百三十丈。一名二道西南大渠。計長一千三百三十丈。一支渠計長二百三十丈。一名三家渠計長六百五十丈。曰張照七渠。可澆地二百餘頃。一塔布渠計長一千七百丈。交界渠計長五百七十丈。西大渠計長五百二十丈。成順長渠計長二百三十丈。濠北渠計長二百五十丈。濠東大渠計長六百二十丈。濠東二渠計長三百二十丈。曰李安邦三渠。一小召東渠計長五十丈。一店東渠計長一百九十四丈。一龍家河畔渠計長二百五十丈。曰金長春渠又名辛大渠計長五百四十丈。曰姚章盖渠。一口兩稍。計長七百二十丈。可澆地百餘頃。此渠歸公後。予獨任修挖之責。費盡二年辛勞。耗資五萬餘元。始克告成。其渠身之良好。早台之整齊。爲八大幹渠之冠。又於革余村。建築大橋。便利行旅。每年可澆千頃以上。此次親往履勘。全行廢壞。將來若再修挖。尚需工程費在六萬元之多。水利繼續之難。殊可慨也。

以上述河套八大幹渠之主腦。其他不可枚舉。如幹渠之藍鎖龍火河德成渠鄔家地渠阿善渠天德毓渠吳祥渠魏鳳山渠戶口地渠土默爾劉三地渠楊成祥渠廠汗波羅渠錦繡堂渠陳四渠十大股渠哈盖渠曹四喜渠常興堂渠王文祥渠在西界教堂渠。曰黃托羅亥渠黃羊木頭渠楊家河渠準格爾渠中國地渠蔓會渠在東界教堂渠。曰扒子補隆渠爲賠教之渠。亦爲予所修。在什拉胡蘆素地曰什拉葫蘆素渠紅們圖渠介乾補隆渠霍祿素太渠在蒙旗範圍內。一爲杭錦貝子渠一爲達旗戶口渠。綜計以上各渠。或爲公有。而爲公共興修。或係私渠。獨自經營。而公家由墾務經營者。則八大幹渠也。自十四年。劃歸水利總局管轄。督飭進行。然以綏區實業而言。以河套爲發展之地。而墾殖應以水利爲先務。是水利關乎西北之實業明矣。凡渠有幹渠。有枝渠。有子渠。是以幹統枝。以枝統子。方克勢成一局。自道咸迄今。百餘年。地商之創闢。光緒末葉。貽穀大臣。擘劃之周詳。綜計前後耗用工程費在千萬元以上。其水利關係可知。不意近年。日見廢弛。一蹶不振。若不及早補救。挽已失之利源。則綏區實業前途。終恐無發展之期。並附渠圖於後。以資留意水利者之參攷焉。

按渠道。有幹枝子渠之分。又有地堰。以爲過水澆地之用。並築壩以防水之冲刷。與截水灌地之需。其工程有土坑土方之別。土坑者。係濬深之謂。土方者。係築高之稱。然每

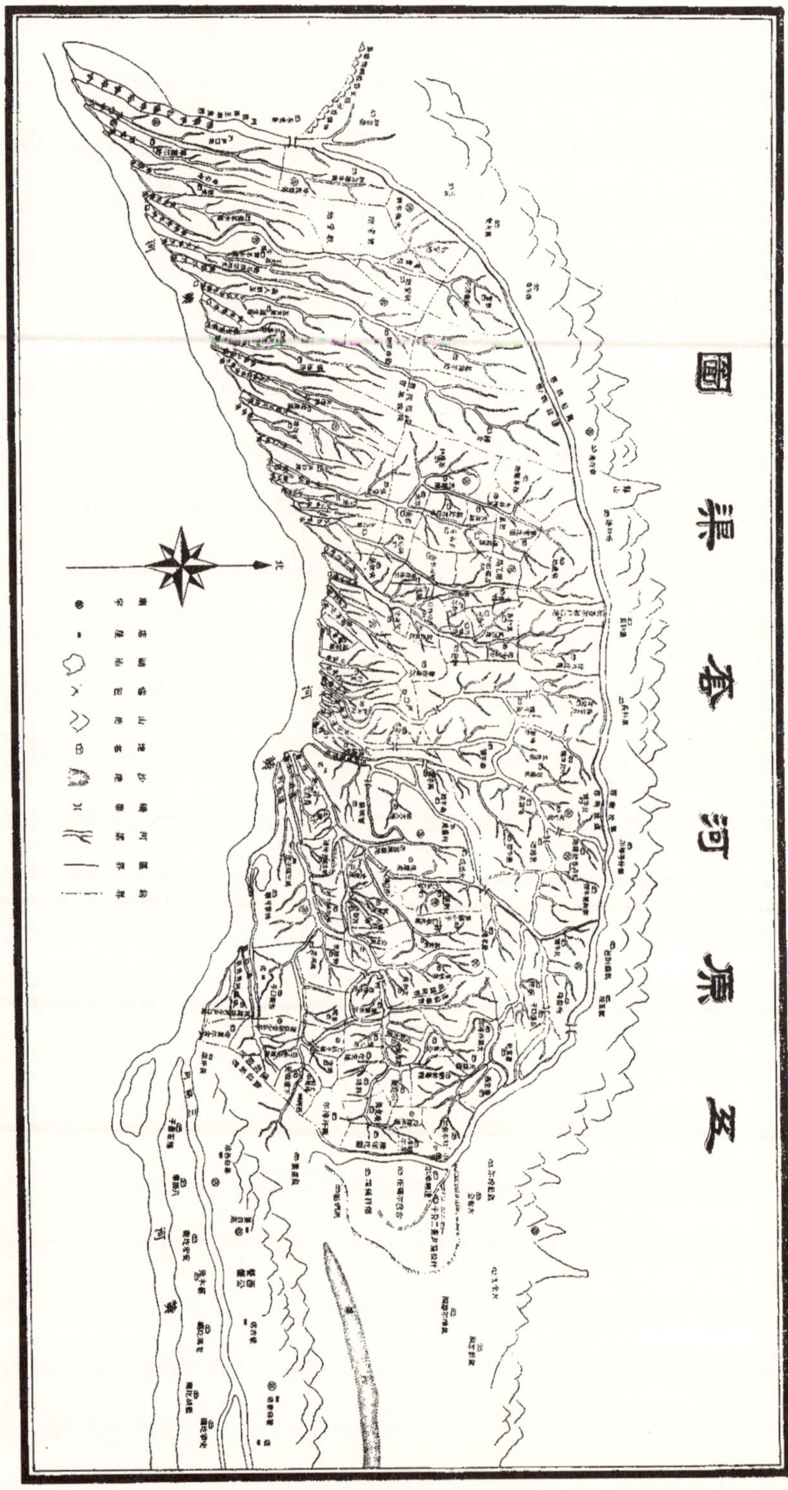
五原河套渠圖

擬修五原河套大幹渠計劃圖

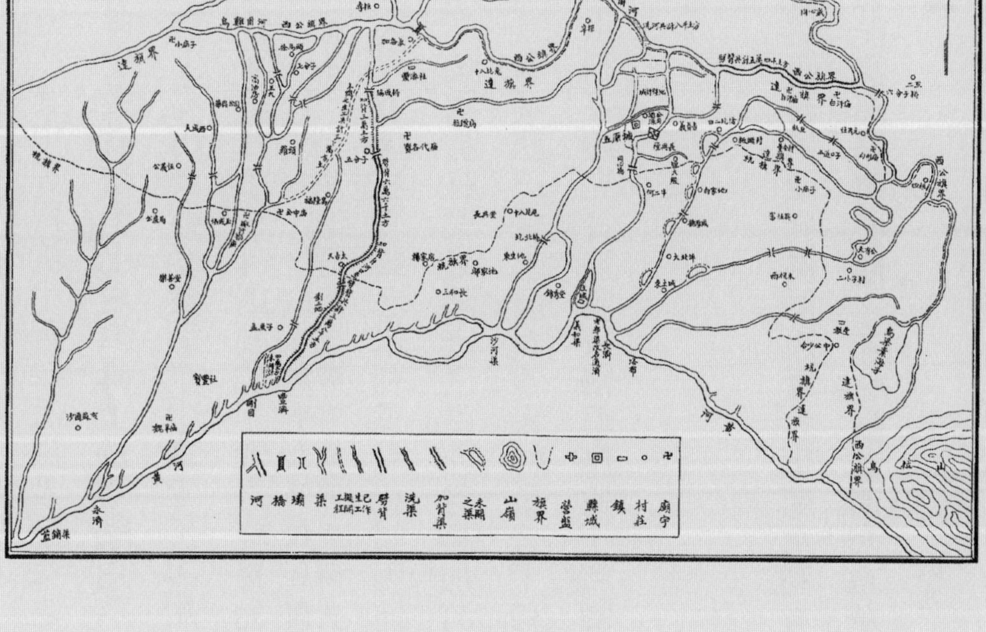

方均寬長一丈深一尺爲一方。然其中有背坑半背半丟以及全丟之別。背坑者。完全用草斗。謂之背斗背土於渠背。半背半丟者。初出土用鍬鏟土於背。嗣用草斗背之。關內人有用籮筐者全丟者。用鍬撇土於渠外。背工多用於幹渠暨墒工。半背半丟多用於枝渠。丟工多用於子渠暨堰道。至渠背之合宜。旱台之整齊。則視監工者之經營如何耳。然以現時觀察。予不過稍得其皮毛。而確有經驗者。屬王同春。張季直君在農商部時曾聘爲顧問查視黃河一週惟年近古稀。將來繼續。深恐無人。此次與予談及河套之水利。意見相同。因河套地勢西南高。而東南低。北高又南低。中段又腰軟。時有渠身潰決之處。非將烏加河舊黃河故道修通。再由西山嘴王六濠修通退水。可期一勞永逸。而八大幹渠之工程。應以永濟渠爲急務。如能逐漸施設。則河套水利可臻完善。茲將永濟渠應修工程圖說。附列於後。俾經營水利者有所攷鏡也。

第十章　商務

河套地方本無商務之可言。然商務不能發展原因。實與墾殖水利有聯帶之關係。何則。河套以農業爲要素。農業振興。商務勢必隨之起色。曩昔河套草萊未闢之先。係屬蒙人游牧之區。商人貿易。不過茶馬互市而已。嗣後外蒙時相往還。遂在大佘太設立通事行。藉資營業。自開墾後。地戶漸設牛犋。包頭商人始有以貨物交易換購糧食牲畜絨毛皮張藥材以歸。仍無現金之營業。此種商人不過行商之名目。亦因交通不便。不敢正式設店。及至光緒末葉。墾務振興。正擬遷徙隆興長與五原縣城內。作永久之計。不意民國以還。初遭蒙匪之蹂躪。繼受盧亂之騷擾。以致大佘太商號焚燬殆盡。一時不能恢復。通事行改設於烏藍腦包後。距五原縣城僅五十里。日見起色。現成一重鎮焉。惟金融仍無現金來往。均用兌帖憑信赴包使取。防爲匪刦。然此項兌帖憑信。時有贋鼎之發生。地方使用不過八折。人民多受其害。近年雖有中交兩行暨豐業平市乾豐紙幣。充斥其間。多不肯周流。合計全縣現洋不過三千餘元。其商務困敝可知矣。

第十一章　農業

河套地方。素以農業爲要務。其農民之居處。五原縣東界。多包頭鎮人。中區係山西之河曲保德陝西之府谷神木西鄙多係甘肅漢回兩族之人。向視渠水澆地爲轉移。每年何處澆過。即移於何處耕種。春出秋歸。謂之跑青。地方之不能發達。亦由於此。其原因有十。（一）因地畝淺水無定。（二）因租戶檢其地質佳者耕種。故居無定所。（三）因不肯遷居建築。以圖久永。（四）因娶室困難。（五）因地面遼闊。人烟稀少。彼此觀望。不肯落業。（六）因村落散漫。無團結之能力。（七）因人心不古。不能有互相維持之精神。（八）因匪徒易於潛匿爲患。（九）無金融之機關。流通社會銀錢交易。以及存儲事項。異常停滯。（十）因交通不便。輸運維艱。有此十大原因。遂使地方難期發展。而且現在弊政。又有四點。（其一）攤派繁重。每年若種一頃之地。則租價在三十五兩以上。人工籽種在三十兩之多。而保衛團之餉項。軍隊之支應。區事之耗用。又在五十兩。綜計約需一百二十兩左右。設遇荒歉。賠累堪虞。（其二）土匪爲患。河套地方。前清光緒末葉。尚有路不拾遺之稱。雖有康有爲富有票之煽惑。地方頗爲安謐。及至民國以來。逃勇潰兵。宵小無賴。一般不逞之徒。時有騷擾。隨撲隨滅。自盧占魁大股蹂躪後。又復收撫盤踞。旋又潰叛。遂將會匪餘孽。留於社會。一般社會中人。圖苟安計。不得不入會匪。以致今日。蔓延不可收拾。（其三）吏治不良。河套地方。農民只知耕作。其他一無智識。全藉賢良縣知事。以資誘導。而官吏中多以括取金錢爲目的。對於地方整頓各事。毫無提倡之希望。人民謀業之心。多存猶豫。(其四)保衛不力。河套地方遼闊。全藉保衛得力。方能安謐。該處所駐軍隊。僅有駐防之名。彼所注意者不過保衛教堂暨機關而已。況地方之保衛團。又多係收撫之兵。當事者無駕馭之能力。農民曷能得其實際。是故一般農民。相率徙於教堂所在之地。以免攤派之累。且土匪之擾。教堂遂得從中居奇。種種挾制。不亟圖補救。非使河套盡成爲租界不已也。

河套農業專賴水利。水有數種之分。曰春水。(消冰水也)曰桃花水。(三月水也)熱水。(四月水也)曰伏水。(三伏水也)曰秋水。(秋天之水也)曰冬水。(冬令之水也)以伏水爲最佳。本年伏汎用水泡地。至秋將餘水放出收凍。次年地氣一開。酥如鷄糞。不用犂耕。耙一次即可插耬撒籽。此種地可種麥籽。炒麥。莞豆各種夏禾。省工力而獲利多。是以農民爭租之。秋水較伏水爲次。可播種糜谷。高粱。葫蔴。菜蔬。黍子。豆等。桃花水可種糜谷。熱水可種小糜谷。山藥。菜蔬等類。而菜蔬內白菜出產最良。以甘肅之種籽較勝於京種。其芝麻棉花予曾親爲耕種。收穫亦好。惜人不注意。再稻田於協成地試驗之。甲於甘陝所產。人亦不肯經營。良由在上者不能提倡之故。至春水多。無人肯用。因起鹼之故。冬水亦然。惟冬水上結厚冰。用以拉渠。則勝於修挖。惜經營渠道者。每每只圖澆地。不知保養渠身也。若以地質言之。五原西界一帶多沙。再以黃河膠泥滲和。尤為適宜。所謂二和土。長性最良。沿河一帶多明沙與屑積泥。且又地勢稍昂。澆水不如下稍。故每年田禾收成較遜。縣之中區膠性太大。每有地土揭皮打瓦之虞。揭皮者因膠地為日所晒而起裂打瓦者因地受雨水而裂塊其地質相宜則屬於下淖。是以長濟塔布兩渠之地。枳棘草遍地。皆是形如樹林。地質肥壯。不問可知。至什拉葫蘆素係屬沃壤。惟用水仰給於各渠稍之退水。雖有義和專渠以資灌溉。渠路太遠。不敷應用。每年爭水之案。時有不免。總之河套農業。全視渠道修理如何。水能通暢。農業自不難發達。而包頭一帶之食粮。亦全藉河套為之挹注耳。

第十二章　鑛質

河套地方。山有烏拉前後之分。而烏拉後山即所謂陰山也。其山脈情形。已於第三章內言之矣。按以陰山中之狼山。即古之陽山。烏拉山即古之牛頭朝那山。兩山之枝當黃河溢為大泊處。為阿爾布坦山。當石門障崑都崙河發源處。為居延山。又名崑都崙麥垛山。當省嵬口防禦處。為省嵬山。又有赤城山。又名烏蘭拜星山。東西德爾山阿爾柴山馬神山木納山河套山雪山又名察蘇台山帷山又名額魯特山老虎山又名巴爾圖山鄂博圖喀喇山巴爾喀山碧挪圖山莫幛山麥琛山伊克鄂博山。皆在五原縣之北境。其他尚有音納祿山察汗呼燒山白音諾綠山克球山火燒山格郡山格拉山桃葉呼都克山鎖布落那呼都克山，所有山名。多係蒙譯之音。當佘太河北。有刻勒峯雪山之脈。南山谷內。松柏合抱。到處皆是。野獸亦多。惟屬於烏拉特西公旗營盤之北。嚴禁伐木獵獸。人民時有以酒或磚茶餌看山蒙古人。私行砍伐。但一經拿獲。則將所有充公。並須撻其人。驅逐山下。然利之所在，亦無法禁絕也。北山鑛苗最富。其已開採者。營盤灣烏蘭腦包狼山灣等處。所產煤炭。足供五原一帶之需，而成分稍遜於固陽石拐溝等鑛。因石性過大也。其他與固陽交界石門障之北有石棉礦。惟苗長僅寸餘。不能供大工廠之原料。是一缺點，至天皮礦苗最富。到處皆是。較之歸綏縣境內所產。則優之。大佘太附近莫倫河溝內煤炭礦苗甚多。惜無人開採。河套鑛產不能發達之原因。實因人烟稀少。加以羊磚羊磚即羊圈內糞積切塊晒乾以供燃料牛糞柴草。足以供日需之用。煤炭不過機關與商號中用之。所以銷路狹窄。無人投資經營。將來交通便利。社會發達。則此項礦產必有開發之一日。而河套之利源。又豈可限量哉。

第十三章　牧畜

河套水草豐富。爲牧畜最良之區。當草萊未闢之先。蒙漢雜居其間。莫不以牧畜爲生。氈帳林立。隨地而居。其牲畜以羊爲大宗。牛次之。馬次之。或專設牧場。或公共畜牧。均以孳生爲恒產。羊毛之產。名曰套毛。春秋兩季。抓毛運於包頭。銷售轉行於天津。羊亦供包歸等處之食品。以牝羊計之。牧畜得宜。兩年可獲四羔。否則亦可得其三。惟肉不如外蒙扎合慶義和公等處之羊。皮亦遜之。惟道路較近。銷售尚易。牧畜之家。孳生均以三百爲羣。僱老少傭者。牧於水草豐茂之區。朝出晚歸。如爲蒙古人所牧。則任其於水草處設氈帳（所謂蒙古包）以牧。原主不過查視而已。牛多牧於蒙古。以五十爲羣。惟種不良。非隨牧隨賣。否則有牛瘟之傳染。一病而不可治。牛除供本地耕作之用。餘售於包頭。轉銷於歸化。馬則西公旗所產最出名。走馬甚多。不過馬種愈傳愈下。以致馬體短小。體質薄弱。不能與甘肅西寧之馬種相頡頏也。光緒末葉。地畝開墾後。牧畜之業。不如曩昔之蕃衍。加之近年土匪騷擾。軍隊勒索。所有牧養之家。損失甚鉅。以現在調查。

牧畜之戶十不及三。羢毛皮張價値之增。亦由於斯。將來若不設法改良。則河套之牧畜。從此失敗無可挽回矣。

第十四章　出產

河套出產最富糧食則以麥籽。糜谷。高粱。葫麻。爲大宗。多半由水路運輸於包頭出糶。其他羢毛皮張大都爲洋行吸收。運於天津出口野獸有掃雪狐狼鹿等類。而狼皮最優。鹿茸則不如關東之產。紅柳可砍伐製器。如筐條鞭桿之類。能行銷於山陝。而枳棘一種。近年爲外國所買惟需工甚繁。取枳棘去其冗得其中桿。扎成小捆行銷天津轉售日本再由日本製成各種玩器售於美國。獲利頗多。本處居民。僅知取桿爲箸。不能製器以獲利。藥材有黃芪。黨參。鎖陽。運銷內地。甘草以杭錦旗所產豐富。每年由商人設場採挖。對於勞働家。盤剝重利。對於蒙旗租金。稍爲點綴。即可任意採挖。向來由水路運於托克托城貿易。每年不下二百餘船自京綏火車抵包後。以交通關係。商人莫不改道包頭營業。托城商人在都統署力爭未果。事勢變遷。亦不能勉强挽回。托城市面因之一蹶不振。黃河南有杭錦旗鹽堿湖。白鹽出產僅行銷於河西。而堿質則優於他處。惟製造粗劣。僅能銷於五原包頭一帶。若能設立工廠。以改良製造。定可挽外溢之利權。肉從蓉甚多。不如阿拉善額魯特旗之美。現有宏豐公司在包收買。收分鹽淡兩種。河套只淡種。阿拉善者爲該公司包售。河套則隨意收回轉賣。究難收專售之效。將來交通便利。如有資本家。投資擴充企業。則地方實業不難發展也。

第十五章　林業

河套地氣溫和。田多膏腴。對於植樹最爲適宜。而出產以烏拉前山內卽牛頭那又曰磨爾根嶺歷代卽有大森林之天然產。惟屬於烏拉特西公旗範圍內。從前松柏皆大數抱。自前清光緒初。綏遠將軍私伐之後。蒙控旗於京師。將軍被譴。遂致封錮。嗣以大火焚燒一月。古木盡爲祝融收盡。近年始復成林。任其生長。而禁採如故。每年輸出僅偸伐小樹而已。至五原縣境內。樹林寥寥無幾。自地歸墾後。公家委派專員植樹。各渠莫不遍栽。耗費數千金。因栽植不宜。保護不力。未能得收桑榆之效。繼續者亦未實力進行。以致林業一端。至今仍屬闕如。現僅五原縣暨大佘太等處稍見之。而收效者爲各教堂。皆用分畝種植插秧法。又復認眞澆灌。所以到處成林。地方人民。近亦稍知林業之利益。惟不知種植之法。羣多觀望。查河套地方栽植楊柳榆椿以及洋槐美國松。無不適宜。但須分畝種植。然後插秧壓條撒籽均可。惟須圍以土牆。俾免牲畜踏踐之虞。再加以渠水按時澆灌。則十年間河套之林業發展。可翹首而待矣。

第十六章　交通

河套佔綏區西部之平原。方圓數百里。東通包頭。西接甘寧。南鄰陝邊。北接庫蒙。中有黃河環繞於鄂爾多斯一帶。且由甘肅平羅以達包頭。可謂水陸之區。迤南沙梁有駝路之往來。陰山之南端下。烏蘭腦包又爲赴新伊暨庫倫以及賽音諾顏土謝圖車臣等部落之孔道。四通八達。道路紛歧。以包頭起點言之。西北門經公忽洞崑都崙溝進石門障沙壩子後口轉西循土哈馬井老爺廟圪但至台梁烏蘭忽洞大佘太東地頭古力板撒拉伊肯補隆以達烏蘭腦包順狼山經東西皮房義太魁永成泰入阿拉善界抵甘肅平羅縣。謂之北路。又一歧由大佘太分路經東地頭入什拉葫蘆素山水壩。過二分子四櫃廠汗淖板旦黃瑙樓燕安河東牛犋隆興長十八圪圖五分子公中廟永成泰循阿拉善界以抵甘肅平羅縣。謂之中路。又一歧由大佘太循西南烏審泰過烏加河經賈不色八拜水道大有功西槐木阿善鄔家地秀華堂强油房以達甘肅平羅謂之南路。其水路由包頭南海子西碾房閆君墳柳林子西山嘴白二渡口姚家河頭同興堂惠德成馬密圖黃家灣蘇台廟循石嘴子磴口以達甘肅平羅縣謂之水路。又一歧三湖灣河。由史家圪凸藍胡圪凸老馮圪凸蘇木圖安宏圪凸八掛車楊五套子長牙店柳林灘歸於黃河再由包頭柳林子過河經鄂爾多斯左翼後旗地循沙梁過才登海子圖爾班稻圖池喀喇馬奈打木素保爾斯太沿烏蘭莫多山以達甘肅平羅縣謂之南駝路。由烏蘭腦包出北口。經外蒙戈壁分馳庫倫新疆謂之北駝路。惟每值夏秋之際、河套渠水澆灌地畝、行旅時苦不便。多半改道北山。然宿無旅店。地方荒涼。匪徒時有搶掠之事。人多苦之。至水路船隻。而薄不堅。常有損沒之虞。運輸油斤。改用混沌。運輸木料。改用木筏。然以交通而論。終難往來自如。政府現有包新鐵路與修之議。將來由包頭西腦包接京包車綫、循亂水泉廠池薩齊穿烏拉前山入哈打門溝折北經台梁大佘太烏蘭腦包出西套、以達甘肅蘭州則交通可稱便利。旅行與運輸。亦無阻塞之苦。再由烏蘭腦包修一枝路、以通庫倫不但西北內外蒙古有無窮之發展。對於軍事上之控制。亦有若干裨益也。

第十七章　文化

河套人民。大半由他處遷來。貧農佔其多數。除耕牧外。則無所事事。文化上毫無注意。各牛犋商號。不過有司賬之人而已。以致知識閉塞。世界大勢。國家情形。漠然無知。雖有一二私塾。亦不過爲冬烘先生之啖飯處。向學子弟。僅讀百家姓千字文三字經諸書。如能登記賬目。則目的已達。冬烘先生可謂責任盡矣。迨至前清庚子拳匪之後。教堂設立學校。此爲提倡文化之始。民國以還。五原創設高等小學一處。國民初等小學八處。女子初等小學校一處。稍具規模。仍不完善。而教堂神甫牧師。極力誘導。文化漸有進步。女學亦稍有起色。近年蒙旗子弟。亦剃髮入歸綏中學校肄業。地方之子弟。亦有中學畢業者。而蒙旗公文。向以蒙文往還。現已改爲漢文居多。且皆邀有漢文之書記。專司其事。其文化之進步。已非昔比。將來交通便利。則文化之輸入。則可日見蒸蒸矣。

第十八章　蒙旗

河套蒙族。歷代沿革。前章已分晰言之。按以明史考之。明初時。套內及大青山以北。盡陷於蒙古元太祖仲弟哈薩爾之後。及太祖之後。分據大青山以北。是爲烏蘭察布六旗。太祖十五世孫達延汗之後。盡據黃河以南。是爲伊克昭七旗。終明之世。不復內屬。及至清代天聰八年。太宗征服土默特後。喀爾喀右翼。四子部落。茂明安。烏拉特中西公三旗。相繼來庭。並設札薩克。錫號曰烏蘭察布盟。黃河南之鄂爾多斯左右翼前中後各三旗。亦設札薩克。後復增設前末旗。共爲七旗。錫號曰伊克昭盟。是爲西二盟。各設盟長副盟長。統轄於綏遠將軍。分班赴京侍衛。遇事受理藩院之節制。民國以後。年班多免覲見。然仍屬於綏遠都統之管轄。遇事則受蒙藏院之節制。在於河套者有烏蘭察布盟前後中三旗。前旗卽今之西公旗。後旗卽今之東公旗。中旗卽今之中公旗。又曰東大公旗。東大者蒙譯仍爲中也。均爲元太祖哈薩爾十五世孫布爾海游牧呼倫貝爾。號所部曰烏拉特。後分爲三部。長子賴噶孫噶布。幼子巴爾賽。孫圖巴。曾孫色稜。分領之。清順治五年。以鄂木布子謂班。掌前旗。封鎮國公。以色稜子巴克巴海掌後旗。封輔國公。以圖巴掌中旗。封鎮國公。各受札薩克世襲罔替。民國仍依舊制。而前旗於十三年絕嗣。牧地當河套之北。噶札爾之南。東至黃烏爾九十里。接茂明安旗界。南至黃河接鄂爾多斯界。西至拜寒愚突百二十里。接鄂爾多斯界。北至伊克爾德阿濟爾噶二百五十里。接喀爾喀右翼界。東南到黃河一百二十里。接鄂爾多斯界西南到黃河一百里。接阿拉善額魯特旗及鄂爾多斯界東北到蘇郎一百四十五里。接喀爾喀右翼界。西北到塔起勒克圖鄂博二百八十里。接喀爾喀右翼界。現在報墾歸公之地已佔十之六七。餘多游牧之區。而人口以迷信佛敎日見衰落。伊克昭盟卽鄂爾多斯。古所謂新秦中地也。共七旗。先是明嘉靖中。元太祖十七世孫袞必里克圖墨爾根爲濟農。譯言郡王也。入居河套名所部曰鄂爾多斯有九子分牧兩處。今之七旗皆其裔也。跨河套東北隅。沿河蜿蜒而西。北爲左翼後旗。卽今達拉特旗。東半在薩拉齊縣西半則在五原轄境。額璘臣從弟沙克札。於清崇德六年來庭。順治七年封札薩克固山貝子。世襲罔替。牧地東至薩拉齊縣黃河冒帶津現名毛岱一百五十里。接土默特界。南至賀陀羅海一百一十里。接左翼前旗界。西至察罕額爾吉百三十五里。接左翼中旗界。北至黑水泊二十里。接烏拉特界。東南到阿魯得勒蘇一百九十里。接左翼前旗界。西南到哈錫拉克羅海一百四十里。接左翼中旗界。東北到台碩額拉蘇八十五里。接土默特界。西北到淖和爾木里圖三百七十里。接烏拉特界。其札薩克駐所在巴爾哈遜湖戶口尚繁衍。文化亦漸輸入。接達拉旗。循河而西至河套西北隅。斜分之爲右翼後旗。卽今之杭錦旗。在五原縣轄境。額璘臣從子小札木素。清順治六年大札木素叛。小札布素不附逆。詔封札薩克鎮國公。世襲罔替。孫都稜。康熙三十七年以從征噶爾丹督護糧運功。晉封固山貝子。都稜孫齊旺班珠爾。乾隆十九年晉封多羅貝勒。牧地東至兎毛河四十里。接左翼後旗。南至喀喇札喇克一百四十里。接左翼後旗界。西至噶札爾山一百四十里。接右翼中旗界。北至寨特勒赫噁突二十里。接烏拉特界。東南到巴彥泉一百五十里。接左翼後旗界。西南到達爾巴哈圖一百五十里。接右翼中旗界。東北到拜寨噁突四十里。接烏拉特界。西北到哈落爾博羅一百八十里。接烏拉特界。札薩克駐所。在鄂爾吉諾爾。又與杭錦旗平分河套西北隅。循河而南至長城止。爲右翼中旗。亦曰鄂托克旗。在漢爲朔方郡之臨戎廣牧二縣地。魏晉荒棄。晉末赫連勃勃據爲國都。定名曰統萬。後魏滅赫連氏。建夏州爲化政闡熙代名三郡地。隋移朔方郡於此。唐置宥州。五季時爲季夏所據。元屬寧夏路。明入於蒙古。額璘臣族子善丹於清崇德六年來朝。順治七年封札薩克多羅貝勒。世襲罔替。牧地當騰格里泊。即古屠申澤也。東至察汗札達海泊七十里。接右翼後旗界。南至賀通圖山谷名回回墓三百七十里。接右翼前旗界。西至察罕托輝二百五十里。北至馬陰山一百一十里。接右翼後旗界。東南到庫克陀羅海一百里。接右翼前旗界。西南到橫城口三百三十里。接邊城界。東北到鄂蘭拜一百二十里。接右翼後旗界。西北到阿爾布坦舊名省嵬山二百二十里。札薩克駐所。在錫拉布里多諾爾。民事則於甘肅陝西邊縣就近管理。地面遼闊。鑛產甚多。惟蒙民倔强。近年革命之說盛行。蒙人稱之曰獨規。旗務糾紛。不可收拾。濱近平羅之地。前清放墾二百餘頃。民國十三年。又放月牙湖等地二千餘頃。按以所述各旗。烏盟前旗則人多狡詐。後旗則勇於戰鬥。中旗則富而純厚。伊盟之左翼後旗。則文化進步。右翼後旗則崇重道德。右翼中旗則性情猜疑。然均迷信於佛教。將見人口衰敝。終不免有滅種之虞。如能破除迷信。從事文化與耕牧。尚可挽回於萬一也。

第十九章　教堂

河套教堂。在縣東扒子補隆者爲耶穌教堂。在縣西蹬會烏蘭保爾黃特勞亥黃羊木頭東公中準噶爾楊家河等處者。爲天主教。傳教之初。人多觀望。嗣以小利引誘。一般無知者。始行入教。仍不踴躍。又以勢力袒護非法之人。於是不肖者趨之如鶩。一般公正士紳大起反感。遂演成庚子仇教之慘劇。教案以後。所得利權愈多。教民氣焰愈張。教堂遂以蒙旗賠教租地。逐漸施其覇佔之計。以致西境杭錦達拉特兩旗之楊家河東公中黃羊木頭準噶爾黃特勞亥等地。兩千餘頃。盡成教堂之產。近年逐漸侵佔至於永濟渠。且任意澆用官水。公家不能過問。至農民對於國家應盡之義務。一概拒絕。一般愚民貪圖小利。莫不租種教堂之地。而教堂遂得居奇。高抬租價。盤剝重利。人亦莫知其毒也。扒子補隆之教堂。庚子教案後。遂佔數百頃之膏腴。公家以賠款之關係。又代專修一渠。計長三十餘里。此渠亦係予所修。然塔布河之水。仍時爲強用。總之河套一帶教堂。完全以傳教之虛名。實行強佔地畝之實。蒙人愚魯。不知過問。官吏畏葸。不敢過問。甚至勾通土匪。要挾政府。包攬詞訟。魚肉非教之民。以致控案時興。糾紛不已。當道若不早爲澈底解决。任其永久覇踞。目無主權。一旦爆發。終非國家之福。亦非教民之福也。

第二十章　吏治

河套之興替。應視吏治之良否。從前草萊未闢。承平之時。無人注意於斯。及至前清末葉。始有張之洞胡聘之岑春煊吳廷斌在山西巡撫任時。稍議及之。仍有鞭長莫及之處。自設五原廳之後。不過在包遙治。徒務虛名。民國以還。雖移知事署於隆興長。而土匪兵燹之餘。元氣大傷。一時難以收拾。且爲官者。大都以括削金錢爲目的。設有良吏。又不善逢迎。勢難久居其位。有此兩層之原因。欲得良吏以治。戛戛其難。本年馬都統迭次派員勘查。籌擬添設大佘太強油房設治局。以及西山嘴縣佐等缺。以資整理。如能實行。則地方固屬受益不淺。然用人一端。若不選派良能之員。積極着手辦理。仍恐難以起色。以予管見。將來綏遠都統移駐包頭。河套地方添設鎮守使一缺。道尹一缺。並河套鄂爾多斯各地。改增五縣。以資經營。似此分疆治理。呼應既靈。發展自易。未知西北賢豪亦以爲然否。

第二十一章 軍事

河套雖偏居綏區西部。確爲歷代戰爭之地。赫連勃勃建都統萬非卽今鄂爾多斯耶。元代崛興。非河套耶。宋明之邊患。以至今日之匪亂。亦莫不在於河套是河套軍事之關係。誠爲不淺。今述其概略。以備留心軍事之參攷。

（戰國） 趙武靈王北破林胡。二十六年攘地北至代西雲中九原又嘗欲將士大夫踰其境。直南襲秦。李牧降林胡於勝州秦始皇三十五年。除道到九原抵雲陽塹山堙谷直通之。代趙幷天下。築長城起臨洮至遼東延袤萬餘里。樹榆爲塞。使蒙恬渡河據陽山築亭障以逐匈奴。取其地名曰北假魏惠王十九年。築長城於稒陽秦孝公十一年衛鞅圍稒陽降之。

（漢） 河套本新秦中地。初入匈奴。武帝元朔二年。收河南地。遣大將軍衛青出雲中以西。至高闕走白羊樓。徙民十萬以實之。使校尉蘇建築城以守。後漢永元初。竇憲出雞鹿塞。鄧鴻出稒陽塞會兵於涿邪山。漢將妻范夫人築城於黃河北岸以防匈奴。征和三年。李廣利出五原塞匈奴要擊於夫羊句山陿廣利破之。乘勝追北至范夫人城。

靈帝末。羌胡大擾。流徙分散。城邑皆空。建安二十年始平之。終世仍沒於匈奴。

（晉）石勒幷朔方苻秦奪其地。永嘉之亂。劉衞辰據之。太和三年。代王什翼犍擊劉辰衞自君子津濟。時河冰未合。什翼犍命以葦絙絶流。俄而冰合。猶未堅。乃散葦於其上。水草相結。有如浮梁。代兵乘之以渡。太和太元元年。苻秦伐代什翼犍軍。還至君子津。會秦將李柔勒兵趨雲中。遂定其地。旋爲赫連夏所奪。

（魏）始光三年。魏自將伐夏。行至君子津。會天暴寒冰合。遂濟河。襲統萬大掠而還。明年執金吾桓貸造橋君子津。尋發諸軍濟河。正光元年。元彧討破六韓拔陵於朔州彼時有段榮字子茂。祖士信。仕沮渠氏。後入魏。以豪傑徙北邊。家於五原郡。父連支北府司馬。榮少好歷術。專意星象。嘗語人曰。天垂象見吉凶。今觀元象察人事。不及十年。當有亂矣。或問曰。起於何處。當可避乎。榮曰。搆亂之地。以五原爲始。恐天下因此橫流。無所避也。未幾果如所言。遂有孝昌之亂。盜據爲窟。人民避寇內徙。乃將一縣之人。各成聚落。仍用舊縣。召民集之。魏主燾破蠕蠕。列置降人於五原陰山。竟三千里。大宗永興三年。詔尉古眞統兵五千鎮於西境之大洛城

（隋） 隋末爲梁師都所據。

（唐） 唐破梁師都平之。調露元年。裴行儉討破突厥歌邏祿右廂部落於黑水餘黨走保狼山元和十五年長澤爲吐蕃所破。貞元七年置天柱軍。又於榆林郡設義勇軍。景隆三年朔方軍總管張仁愿築三受降城，又於牛頭牟那山北。置烽堠一千八百所。以禦敵。自是突厥不敢度山。放牧減鎮兵數萬人。永淳初突厥入寇豐州州將崔智辯與戰於朝那山敗績。乾元元年。回鶻據之。會昌二年。回鶻爲黠戛斯敗。徙屯永濟柵屯兵天德振武北境。元和九年。宰相李吉甫奏設安邊戍。置橫塞軍。又置天德軍。又於大同川西置天安軍。開元初受降城爲河所圮。總管張說於城東別置新城。七年河溢。城南面多毀壞。八年振武帥李進請修受降城。兼理河防。李吉甫請修治於天德故城。李絳盧坦以爲舊城。當磧口據險要衝。得制匈奴上策。又豐水美草。邊防所利。今避河患。況天德故城。僻處瀕瘠。去河絕遠。烽堠警急不相應。寇忽唐突。勢無由知。是無故而蹙國二百里也。城使周懷義。遂奏利害與絳坦同。上。帝卒用吉甫策。於是西城遂廢。邊事則因之多故。十二年徙天德軍於陰山通濟廢橫塞軍。置天安軍於大同川。永徽初薛延陀既滅。鐵勒諸部回紇皆內附。復討擒突厥遺種車鼻可汗於金山。徙治振武軍。

（遼）　太祖元年。破唐振武軍。置應天軍。又平黨項。盡掠吏民以東。置威塞軍。晉割代北來獻。天祚帝保大四年七月。率軍出夾山下漁陽嶺。取天德東勝等州。重熙十七年西夏犯邊。

（夏）　夏始祖拓跋思恭。據有西部之夏州及元昊玄盡取河西地。慶歷初復陷豐州北控大漠。置軍河北以備遼。

（金）　金取遼地置武興軍。

（元）　元併夏金。

（明）　明初元兵圍大同。李文忠敗其衆。進兵東勝州至莽哥倉而還。洪武二十六年。改建東勝左右二衛。屯兵以衛民。得耕牧於河套中。正統三年。邊將周諒言東勝州廢城。正濱黃河東接大同。南抵偏關北連大山榆陽等口。中有赤兒山東西坦平二百里。其外連亘官山。若屯軍此城。在大同右衛淨水坪偏頭關水泉堡各處營堡皆其內。可以不勞成安。非惟可捍蔽太原大同。亦所以保障延安綏德也。時不能用。成化三年總兵王璽築墻於套內。青山以北盡陷於蒙古。阿羅出毛黑孩火篩等所據。嘉靖中元太祖仲弟哈薩爾之後。及太祖十七世孫袞必里克墨根。逐火篩居之。分據青山以北。是爲烏蘭察布六旗。太祖十五世孫達延汗之後。盡據黃河以南是爲伊克昭七旗。終明之世。不復內屬。惟青山黃河之間。明初嘗置東勝五衛及玉林雲川鎮虜宣德四衛。不久又廢。旋爲察哈爾小王子之族諳達所據。崇禎九年。兵備盧友竹建堡。東接滑石澗口臨黃河岸首當西北之衝。

（清）天聰八年。太宗征察哈爾。河套蒙旗始相繼來庭歸順。康熙中聖祖征噶爾丹時。寇沿克魯倫河而遁。同治七年甘肅回族馬化龍等作亂。餘股蹂躪於河套將及包頭光緒二十九年。土匪劉天佑糾衆騷擾後套。綏遠將軍貽穀調遣大同鎮總兵劉光才管帶譚湧發胡光才及山西常備軍暨口外防營會勦。追於甘肅境內擒斬無遺。遂留軍以防餘孽。

（民國）元年庫倫獨立。二年松彥光汗。陶什陶等。勾結內蒙南犯大青山狼山一帶。烏蘭察布盟西公等旗應之。晉軍第一師師長孔庚敗績於狼山二分子後口子等處。

牽動包西。經綏遠將軍張紹曾。授晉軍團長趙守鈺方略。破其各昭巢穴。始克平之。並移軍築營於烏蘭腦包以資鎮懾。內蒙各旗。始行到綏承認共和。晉軍旋調回大同解散。四年哥老會匪盧占魁。又復糾衆起事於河套攻包頭破薩縣旋收撫駐於河套又復叛去。死於奉天而餘孽未盡。以致擾攘迄今。羣盜如毛。五原遍地皆是。地方軍隊。多係撫降之衆。不足以衛地方。而正式軍隊。又屬薄弱。十三年秋直奉失和。所駐大佘太台梁收撫綏西遊擊馬二營。改編第三路騎兵團。開赴內地。僅保衛團六隊分紮五原縣縣中西北三區。計一百餘人。其西區之隊。亦係收撫者。均不足恃。縣署警察二十餘人。不過其服務之驅使。以河套之遼闊。而無保衛之能力。欲圖治安。戛戛乎難哉。若不及早通盤籌維。後患堪虞。補救之法。須以強健一旅之國軍。分馬步炮之支配。並行屯墾之制。分紮於大佘太狼山西山嘴強油房楊家河等處。無事教育於工兵。有事則不難控制。保衛團亦須另爲編制爲遊擊隊。規定餉章。勤加訓練。再於各要隘建築炮台。嚴爲防守。一面將會匪餘孽掃除盡淨。逐漸施設。河套地方治安。尚有平謐之希望。否則西北將來之禍患。定必復起於河套而不可收拾也。

第二十二章　會匪

河套人民五方雜處。加以漢蒙回之混居。撫治最屬不易。且前清末葉。無官治理。其間商人郭有元私墾之始。招聚亡命。以致潰兵逃勇宵小無賴。皆附從之。嗣後各地商霸據地段爲雄。其勢力視所聚亡命多寡。爲勢力之增漲。亡命統稱曰把什匠。私購鎗械。擴充勢力。官廳與防營明知之而不敢問。各地商遂以爭地械鬥。結其深仇。互相火併。而亡命之勢力。愈形澎漲，及至康有爲梁起超戊戌變政。失敗之後。政客有派人到河套密秘煽惑。遂有富有票之傳播。演成劉天佑之變擾。迨至平服後。大同所駐防營兵卒。多有哥老會徒。得以藉此宣傳。盧占魁字堯臣。豐鎮隆莊回族人。短小强悍。性情沉默。彼時爲防營之什長。會匪得舉爲龍頭老大。結合黨羽。於甘肅平羅陝邊榆林府谷又復招集一般强徒。擴充勢力。然盧占魁自舉爲龍頭之後。財政公開。毫無嗜好。且不愛色。是以會匪中敬服不怠。民國改革。蒙匪變亂後。乘機揭竿而起。騷擾於河套河西一帶。哥老會勢力遂傳播於各界。又不惜重貲。購買槍械。自來得手鎗。竟得千百餘枝。經濟則以帮票勒贖爲目的。人民不堪其苦。軍隊進剿。亦多失敗。氣焰愈張。按以哥老會發源四川蔓延於陝甘新綏遠等處。本含有政治黨會之臭味。會章最嚴。一不許採花。(卽奸淫婦女之謂也)二不許刼財傷人。三不許擄掠過甚。四川爲仁字輩。爲會中之祖。及傳至綏遠已成德字輩。以仁字推之已在第十輩間。年代湮遠。會章已漸失其效力。盧占魁之失敗。亦由於此也。及至民國四年。由後山出劉寶窰溝攻包頭破薩縣。進擊台格木歸綏兩城。岌岌可危。幸駐察哈爾淮軍蕭良臣。率兵勦辦。不旬日掃除淨盡。及至潘矩楹都統開缺。蔡成勳都統蒞任之後。盧占魁又復勾結軍隊。竄擾托城與和豐鎮武川不可收拾。遂收撫爲團長。駐於五原烏蘭腦包。旋又叛去。進撲甘肅平羅轉戰楡林攻破陝西武功到處淫殺擄掠無遺。嗣與陝西民軍進攻西安失敗。率萬餘人取道四川全軍覆沒。盧占魁隻身爲葉荃救出由雲南潛跡上海第一次直奉開戰。察哈爾都統張景惠召爲第五旅旅長。駐於豐鎮。擬謀綏邊。張景惠失敗。盧占魁又復逃於奉天參謀張仲衡爲張錫元都統所殺。盧占魁逃至奉天爲保安總司令張作霖授以旅長。十三年夏又欲變亂。遂爲張作霖將黨羽暨盧占魁聚而殲之。盧占魁從此遂告一段落矣。近年又有匪首糾衆千餘人。橫行於河西。是盧占魁雖死。餘黨在綏之勢力。依然澎漲。按以現在調查。五原入會者十成之九。東勝入會者十成之六。薩縣入會者。十成之九。固陽托城入會者十成之七。武川入會者十分之五。所幸者不過歸綏和林清水河三縣而已。均以白巾爲號。其他舉動秘密。黑語甚多。不及細載。分富貴忠義橫山等堂。富貴堂爲上流入會者。忠義堂爲普通入會者。橫山堂爲下流入會者。近年由哥老會改爲秘密會。愈形複雜。其入會者有種種之原因。（一）保免身家。不得不入於會。以資聯絡。（二）被匪挾迫者。（三）因嫌怨入會。藉圖報復。（四）因窮無歸。挺而走險者。（五）身犯重罪。藉以庇護者。（六）因貪圖金錢。（七）以逃兵潰勇。無所歸宿。有此種種原因。以致會匪結合能力。甚爲堅固。其影響最大者莫如當晉軍第一師。在大同遣散時。未能籌以生計。遂多流落口外爲匪。以致今日蔓延全區。將見人人爲匪。家家自危。向來入會規費。不過一元。十三年已增至五元以上。其入會者之踴躍可知。包頭五原托城東勝固陽等縣。均設有坐設碼頭之龍頭。藉資聯絡。按以現時狀況言之。已收撫及未收撫。並入各保衛團爲兵者。在三千人以上。大槍計二千餘支。自來得手槍五百五十餘支。子彈均甚充足。以五原縣爲根據地。統計入會者將有五萬之多。知之者亦不敢犯之也。然其中不無英傑之士。如爲上者。能以恩威並施。訓以教育。已收撫者不難改邪歸正。未來者亦可化惡爲良。一面籌以生計。一面解散脅從。治標本並顧。認眞圖維。尙可挽回萬一。否則西北會匪之隱憂。終不知作何底止也。

第二十三章　風俗

河套原爲蒙族發源之地。漢人不過爲貿易轉運之塲。來往無定。嗣後土地日闢。始漸有編戶之氓。惟多屬陝晉之民。至甘肅回族。亦漸由西徙入。近世又有歐洲人士傳播耶穌天主兩教。自成風氣。今將漢蒙回風俗。分別言之。亦助治之一端耳。

漢回族之風俗

漢族之人。如陝西則屬榆林府谷神木如山西則河曲保德其他則河間大名謂之關裏人。餘則本區各縣者。故其俗多類內地。然情形複雜。氣侯空气乾燥。寒暑均烈。夏季六月間華氏表最高達九十度以上。三九寒度竟低至零度。八九月爲溫和時期。三月爲解凍之期。十月以後。驟入寒境。惟西北氣候變動甚速。一日之間。具有四時氣候。故嘗有早穿棉皮午穿紗。懷抱火爐吃西瓜之諺。人多耐冷。往往嚴冬時。能破氷入水。視若坦然。可謂勞働家之特别性。固亦境遇使然。

人口男多女少。娶歸成家。實屬不易。因娶一婦。所索聘金。謂之財禮。需數甚鉅。男多勞働家。大都無力迎聘。女則在家毫無教育。又不事女紅。不過從事於牧養。多不知廉耻爲何物。以致苟合者居多。一般勞働家只圖一時之歡。所以一女而共數男。父母貪圖微利。亦置之不問。風俗惡劣。良由於此。而寡婦再醮。聘資尤鉅。更難轉嫁。所以河套寡婦之多。亦由於是。誠惡俗也。

男女均嗜好於鴉片。一般勞働家所得之資。莫不犧牲於此。以故鴉片產量最富。積習難除。其一切之不能發達。以及風俗之惡劣。實原於是。河套鴉片一日不能禁絕淨盡。則永無振興之日也。

陝西人民。務農從商。爭朝夕之利。游手好閒。競錐刀之末。富者素慳吝。賤者薄仁義。豪强縱横。貧寠窮蹙。大抵夸尚氣勢。好鬥輕死。家富子壯。析產分居。家貧子壯。則驅之供父耰鋤。婦姑不相悅。則反唇而相稽。秦始皇遺蒙恬攘却匈奴。得其河南造陽之北千里地。於是築城廓。徙民居。名曰新秦。今俗名新富貴者。爲新秦。即指此也。婦女終身不浴。謂守禮也。然失節者。不以禮閑躐足之風最甚。迄今未能革除而操作之痛苦。父母愛之而不惜之也。夏歷正月十五。夜用麪爲不托。名燈盞。注油燃燈。至十六日早。作羹食之。示收燈也。二十日名小塡倉。燃燈舉火。二十三日聚猪羊骨雜燒之。名煉乾。俗諺曰大忌。二十三。太上老君不出菴。二十五日名大塡倉。亦燃燈舉火。二月二日。名龍抬頭。禁止女工。恐傷龍目。並以灰圍宅。謂之圍蚰蜒。三日早。取元旦所作黃米大饃相燒黑豆啖之。謂之啖蠅子。三月三日昧爽。以柳條鞭房四壁。以禳蝎虿。穀雨日貼厭蝎符於壁。書咒其上曰。穀雨日。穀雨晨。奉請穀雨大將軍。茶三盞。酒三巡。送蝎千里化爲塵。五月五日。用蒲艾紙牛貼門。名鎭病。又是日飽食謂塡五窮。六日夜多聽靜。以卜終年吉凶。六月六日。鷄作菜豆羹。俗呼漿水。遲明携漿至祖塋澆奠。名解炎熱。中元日農家早向隴頭擇禾之長茂者。懸五色紙旗。名曰田幡。八月十五日。以瓜果香餅賞月。並互相以月餅相遺。臘月八日。用黃黍作糜下油鹽於中。謂之餅飯。二十三日祀竈。用糖餅。以糖泥神口。祝曰。毋以惡事訴玉皇。娶婦雖濃粧。亦必白布飾其首。蓋西方金也。山曰太白。故多尚白。從來遠矣。近見革除。改用靑藍絹矣。

山西人民。畜牧牛羊。從事稼穡。均爲所長。然多機巧。趨利褊急。近見衣食住。與陝邊相同。而尤儉樸。鴉片嗜好亦同。並喜食河南清華之水菸。吸與旱菸同。竟用羊腿骨爲烟具者。每年消耗最鉅。而人皮胃受病亦深。一時無能挽回。惟善治生產。多藏積蓄。質朴而尊卑相序。剛直而內外有別。性情剛强。少不相得。輒詬詈攘臂。獨不好訴。畏官也。方言稱父曰老子。稱兒曰娃。人慣慣曰不中用。公家人曰官人。合人作事曰夥計。强壯曰魁巍。人懦退曰不長進。高大曰[illegible]。短小曰邋。責人曰數說。多曰夠。少曰不夠。電曰閃。雹曰硬雨。酒館曰望子。馬不鞍而騎曰驏。孔曰窟攏。婦女亦不事沐浴。纏足之習尤深。自閻督厲禁後。竟有以放足之羞。遷徙入套。其愚錮可知矣。關裏人大都直隸河南山東等處者。並無家室。春來冬歸。以傭工爲事。渠工佔其多數。對於鴉片嗜好則無之。每年所掙工銀。易以馬匹騾駒。由草地過歸。否則流於盜賊。性情强悍。傭主畏之。然勞働能力優於山陝。故畏之而又羨之也。

河套西鄙。則屬甘肅人。暨回民。風俗爲山陝人所薰染。大致相同。惟所用大車高輪。以過渠道相宜。而體質粗笨。速力稍差。女子未嫁。一律髮辮。故一望而知爲處女。既嫁之後。則一律結髻。髮辮也結髻也。實不齊女子嫁否。唯一之標識。積習亦崇尚纏足。步履維艱。惟性情强悍。料理農事。男子往往遜之。貪圖小利。更甚於山陝。回族之風俗。分門別類。有舊教。有新教。有再再新教。新舊不同。時起仇視。對於漢民。雖雜其間。界限顯然。而共事最無信用。所謂回教中人。飯可吃而話不可信也。回民過年之前一月。卽把齋起。凡男女十歲以上。皆於黎明後。不得飲食。甚者津液亦不敢下咽。方爲善。把日落星全。方恣意飲啖。但不得飲酒近婦人。惟散漫而居。無禮拜堂之結合。至次月初一或初二。總以望月如鈎。則開齋過年矣。信崇奉阿渾。不敢稍有違背。婚娶以兩家意合。男家饋牛送羊布疋。邀請親戚。更求阿渾數人同赴女家議婚。念經爲定。至婚期女家或婦或兄。一人抱新婦同騎馬。以帕蓋面。鼓吹導行。送至夫家。男女室後。皆以清水遍身澆洗。禁食猪肉最嚴。凡驢狗虎豹肉及牲畜自斃。苟其非人宰殺去血淨者。悉不食。人死則集數人在屋上。同聲喊叫。念經其家。皆白布爲冠。謂之掛孝。死之日或次日。卽舁之郊外瘞之。無棺槨衣衾。唯白布纏尸而已。葬時尸面於上則喜。尸覆於下。則謂入地獄。親屬無不戚戚也。男多不薙髭鬚。惟剪唇鬚。便於飲食。生子五六歲。其父母邀請阿渾念經。以刀挑斷勢皮。使其澎濺力增。如宴會總以多殺牲畜爲敬。駝牛馬均爲上品。所陳食品或散給於人。或宴罷攜之而去。則主人大喜。以爲盡歡。回文如鳥迹。如蝌科橫讀而連斷。尤不易辨。字頭二十九。通曉字頭而無疑字。幼童能書記者。謂之毛喇。司教者謂之阿渾。亦有大小之區別。敬信明理處。猶蒙人之於喇嘛也。遇有疑難。皆問諸阿渾。卽男婚女嫁。亦所主持。雖有謬誤。亦不怨悔。尤可哂者。鄉愚忘其生辰。問之阿渾。告以月日。復忘。另告以月日。信之雖謹。小兒出痘輕而易過。百中或損一。是回民面麻者少。遇有疾病。必向河中沐浴。冬夏皆然。燥結之症。亦於河中灌洗穀道。納葫蘆柄於其中。藉水出入探動。亦求通利焉。回人多攜刀長尺許。刃兩面極犀利。俗呼爲攮子。私鬥時。每每以致命。飲食中白糖和麪摶成杵形。高尺許。而銳其頂。呼爲塔兒糖。人最珍之以餉貴客。婚姻回女不嫁漢人。宗教關係使然耳。

蒙族之風俗

蒙族起源於匈奴。蠕蠕鮮卑回紇奚契丹部族各異。自鐵木眞崛起。抉歐亞之藩籬。忽必烈入主中夏。及至成吉思汗。自蒙兀族西人曰。mongolia 今匈牙利尚有其苗裔焉。

蒙人頭形稍廣。面貌扁平。眼多傾斜。故有直眼韃子之稱。如河套血統。太半混化。與漢人無甚區別也。文字成吉汗思時代。習用土耳其族之維伊奇哥爾文字。是爲蒙古用文字之始。及世祖時。西僧帕克巴變化藏文製蒙文字母四十一個。是爲蒙文之始。彼此互相併合成音。綴合之法。與羅馬文相似。現今之蒙文。爲元末所確定者。字頭一百零四個。譯文不如漢字之簡。僅能述其大概。而不能演譯科學。近來新發明之一切。仍用漢語。不能譯爲蒙語。是一缺點也。階級分三等。曰台吉。曰喇嘛。曰黑人。黑人服務於貴族者曰奴才。服務於招廟曰黑徒。蒙族以黑人爲最苦。婦女均爲人之奴才。專制使然。性質得與安嶺之餘脈。故能耐勞受苦。惟服從性最深。長官尊若帝天。見官則屈足。典禮則膝行。從前大有上古之風。近來則狡詐驕侈。畏事苟安。良由智識日開。人心日薄。正貧相生。天演使然。王公服制仍着袍掛。各色頂戴。尚沿用勿替。平民服用棉布寬領大袖。腰束條帶而繫以煙袋食刀等物。冬着老羊皮袍不製面。暑天多赤足。間有不著褲。僅圍腰裙。喇嘛有紅黃兩種。以服色別種類也。髮辮依然。惟達拉特旗開通。竟有雉髮與漢族同。婦女寬服闊袖裙輙拖地。環佩粗笨而喜塗胭脂。處女編辮嫁而束髻。

飾以金碧。梳髻用膠膠之。每年梳髻爲數無多。因梳一次。則須膠一次。頗不易爲也。靴鞋底特別布折數層。實以繩實。極精緻。曰千層底。冬日踏雪。則常用內地輸入之氈鞋。飲食以乳品爲主。獸食次之。乳品中以新鮮之牛奶鹹鹽等和於茶爲夏日之飲。名曰奶茶。又曰奶子茶。以作奶、豆腐所磨之漿覆之。俟其酵醗蒸之於鐵鍋。塗以牛糞。使閉其氣味。俟流出蒸氣、卽爲酒、其味酸、飲之有味。能薄醉。名曰奶酒、惟不能耐久。又以新鮮乳。和以水。俟其發微酵略帶味、視爲美品、夏日飲之、可以却暑、名曰酸奶子、擠奶出。盛之於器。使靜約一時。浮面生油。取濾以布囊使淨。而後煎、以文火使色黃如蜡。其佳者不亞西洋品、蒙人欵上客餽送始用之、名曰黃油、奶油既去其下沉。如豆腐汁者。煎旣熟。盛木使成方塊大如磚。卽以花紋切作長條、或小方塊。味淡略酸。若和以糖亦可食。再以濃茶調之。以淡鹽和之、則化爲流質。飲之甚耐飢、名曰奶豆腐。至牛酪製法。先置牛乳於器中。及腐敗、水分溶解、然後入金屬罐頭中。以土泥封其口。徐煎之。罐上有細管。管之一端下垂。入瓷盌中。乳經火煎。自管端下滴入盌。卽爲牛酪。和炒米食之最佳。蒙人多用爲贈答品。其炒米用糜籽置鍋中煑熱。取土曝以日光。使之乾。或炒乾之。

然後去其皮糠。所餘之粒。卽爲炒米。經久不壞。行商兵士。視爲珍品。所需薪材。糞粕到處多有。於蒙古包內燃之。在蒙人積習已慣。在漢人聞之氣味逼人耳。昭廟之建築瓦間有飾黃金者。近以銅鏡代之。竿懸白布幡以別聖俗之界。札薩克所居曰王爺府。普通蒙民所居。皆係蒙古包。坐北朝南。隨時遷移。土屋名曰板身。然仍置蒙古包於院內。不忘本也。蒙古包構造皆圓形。通常度約在十尺與十五尺之間。柱頂上架木爲樑。成傘形之蓋。全部包圍毛氈數層。以馬尾繩束之頂上氈子。繫以繩。得自由啓閉。中設烟筒。南面置門高約三尺五。寬二尺餘。垂毡簾以蔽風雨。男女分左右居。間設佛龕法器。龕前家長住焉。蒙地無旅店。故行旅輒投包而宿。然須稍知蒙語者優待。惟入包時。必置馬鞭於戶外。旣入室須坐左邊。客去則家長及婦人齊出歡送。正式禮節一遞哈達。二交換鼻烟壺。現多與漢習融化。此習漸除。然遞哈達仍注重也。

婚姻則蒙人亦有早婚之惡習。且居室於父母外。均能苟合。如女在家有孕。生卽對蒙古包外之馬樁而叩頭。謂卽其夫。遂可不嫁。任意逐流。其正式配合。亦不拘行輩。問名納采。並無聘物。以家之貧富。定牛馬之多寡。行婚禮。登堂不交拜。入戶不合巹。飯後則與戚友爲禮。送哈達送烟袋遞鼻烟壺。送親者饗以酒食。信宿而去。未婚之女。均辮髮根束紅繩長寸許。至嫁日亦如之。婚後始梳髻。平時無男女之嫌。調笑戲謔無界限。甚至野合亦不爲恥。尙天然人羣世界焉。葬禮極簡單。王公始有木板櫃。形似棺槨者用之。普通則棄之野外。三日後視之。巳爲鳥獸攫食。則以爲生前無罪所致。否則子孫有戚容。大有上古委諸溝壑。死欲速朽之遺意。喇嘛則以火焚其尸。祭祀以天地日月星辰高山大川雷鳴電光等。皆謂之有神。以石子堆積。謂之鄂博。春秋致祭。謂之祭鄂博。昭廟則聚僧徒唪經供佛若干日。稱曰嗎呢會。皆藉以歛財也。歲時仍用陰歷正月十五。各昭廟多舉行跳鬼禮。近年以匪患不靖。大都停輟矣。至宗教崇信最深。故每家三丁。必有一人或二人爲喇嘛。呼圖克圖則稱曰活佛。蒙民皈依。有神聖不可侵犯之勢。磕頭之禮。不遠千里而往。每年之朝五台山。有貲者無缺焉。按喇嘛之意義。元明史都作喇馬。蒙人呼曰喇阿瑪。又西藩語上曰喇。無曰嘛者。無上之意。卽梵語兀呔喇。原本爲尊稱。近則爲普通名詞矣。其敎之由來。南北朝末葉。西藏盛行蓬教。爲一種崇鬼神之邪敎。唐初宗弄贊君臨西藏。遣使赴印度求佛典。是爲印度佛入西藏之始。後與邪神教混合。喇嘛之教出焉。教分兩派。源於佛教。衣帽用紅色者。名曰紅教。爲寧夏巴派。許肉食娶妻。爲邪教之源。能唪黑經以咒人死。衣帽用黃者。名曰黃教。爲嘎達讀派。起於宋仁宗白祐之時。羣多信仰。近亦有邪教之傳染。行多不正。彼時自元世祖忽必烈利用宗教。羈縻蒙衆。近以爲喇嘛則可減輕擔負。是多趨之。而家庭中。男女戀愛。爲天賦之特權。故蒙族中無孤憤之男少寡居之女。而獨於再醮之婦。不得在夫家改嫁。必還至母家而後可。家事極簡單。日出而作。男子出外牧畜。若遇天氣忽變。則女子赴牧塲與男子同力驅逐。所謂內助。庶乎不愧。女子或治內饋。至於針線女紅。則間或爲之。而榨乳一事。反爲其專責。日入而息。不喜燃燈。聚眠包內。頗極天倫之樂。娛樂事以跑馬爲生活。無論男女老少幼童。皆能騎乘。且體力建壯。最耐勞苦。以之編爲國軍騎兵。善利用之。不亞俄之哥薩克。素好角力有羅馬人之風。宴會食品爲炒米牛羊肉麥麪牛乳乳酒等饗待貴客。以上整羊上食。謂之羊貝子。近達拉旗西公旗與漢族相染。請客多用漢之酒席矣。蒙人素以牧畜爲生。馬多產於牛頭朝那一帶。小而有力。走者居多。近年馬種不良。馬體愈趨愈小。不及從前之高超。其原因。一以地方不靖。不能專心牧養。二因財政困難。馬駒一二歲。即被商販購去。否則亦爲軍隊土匪擄奪而去。故馬政之衰敗。良由於是。牛多產於河套內。蒙人在於水草豐盛處牧之。惟時多瘟疫傳染。駱駝則產於河套之西鄙。鄂托克旗蒙人牧養最多。駝隻出產亦良。包頭與甘肅甯夏輸運。以此駱駝馱載。最爲適宜。羊有兩種。曰山羊。綿羊。漢蒙人均牧畜之。其毛曰套毛。專運銷於天津。漢蒙生計。多賴於此。蒙男喜獵。所得以狐爲多。狼次之。往往有逐一狡兎而死一走馬。亦所不惜。足見富於毅力。終日得茹毛飲血之遺風。無宮室之觀念。故面目黧黑。不知沐浴。腰懷木椀。身繫刀箸。食畢以舌舐之。仍藏胸部。分別富貴。以衣面油垢多少爲準。油垢多者爲富。以終日食肉也。教育僅達拉旗稍知之。其他各旗。不知文化。然近年與漢人習染。多不受其專制。遂時有獨規之舉。獨規者譯言革命也。其死亡無統計之可言。戶口實數亦難稽核。以情形觀察。日見澌滅。約約略計之。近五十年戶口已減少十分之五六。揆其原因。受喇嘛之流毒。婦女衛生不講。嬰兒時多夭折。數十年後。恐無孑遺。予身臨其境。不禁爲蒙族感嘆也。

中華民國二十三年三月

綏遠省民生渠水利公會第一屆報告

綏遠省民生渠水利公會出版

綏遠省民生渠水利公會第一年工作報告（附計畫）

目錄

圖影
民生渠全圖
本會理事攝影
本會執行部職工攝影
本會農事講習會第二三四期攝影
緣起
組織
民生渠水利公會之組織 附組織系統一覽表……三
民生渠水利公會理事會理事姓名一覽表……四
民生渠水利公會執行部職員姓名一覽表……五
民生渠水利公會各股工役及渠警工匠姓名一覽表……七
總務

經費籌借之經過　附華洋義賑救災總會及五銀行借款合同……九

購置地畝一覽表……一四

本年度經費收支預算表……一五

本年度經費預算分配表……一七

本年度經常臨時各項支出分類表……一八

新會所之建築　附平面圖……一九

籽種貸款之經過……一九

本年函電收發統計表……二一

工務

民生渠區域內之地勢……二三

本會接收時工程之概況……二三

本年工程上之損失……二四

本年工程上之工作　附民國二十二年新工程及修理工程一覽表附地圖……二五

民生渠工程與資產……二九

將來工程之計畫……三二

一、測量地勢之計畫與預算……三二

二、補救現有工程之計畫 附預算表……三三
三、新工程之計畫 附預算表……三四
四、招募工人之辦法……三五
五、工程進行之程序……三五
六、來年工程費之支配……三六

農務

引言
農事工作之目標與方法……三七
一、農村調查 附統計表……三八
二、農事講習會 附講題及聽講員村名一覽……五七
三、農事試驗 （甲）品種試驗（附記載） （乙）選種試驗 （丙）經濟試驗 （丁）農具試驗……六〇
四、農村服務 附農村工作程序表……六四
五、氣象測驗 附氣象統計表……六五

雜錄

章則
一、民生渠水利公會章程……七九

二、民生渠水利公會執行部辦事細則……八二
三、民生渠全渠建築物管理規則……八六
四、民生渠水社及水社聯合會組織章程……八七
五、民生渠用水規則……九〇
六、籽種貸欵辦法……九一
七、代理農村籽種貸欵辦法……九三
八、民生渠捕漁規則……九三
九、村社開挖子渠及分水渠辦法……九四
理事會紀錄
一、第一次成立會臨時會議紀錄……九七
二、第二次臨時會議紀錄……九九
三、第三次臨時會議紀錄……一〇一
四、第四次臨時會議紀錄……一〇三
五、第一次常會會議紀錄……一〇七
六、第二次常會會議紀錄……一一〇

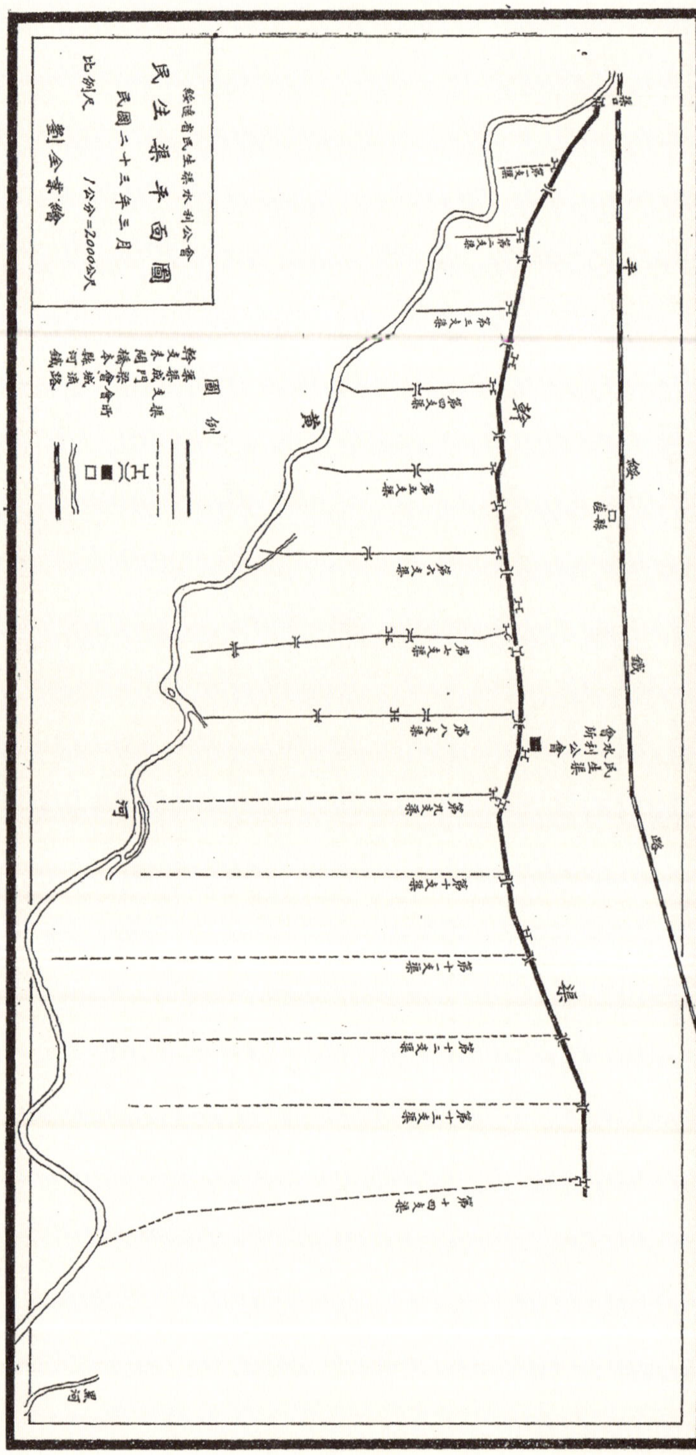
綏遠省民生渠水利公會
民生渠平面圖
民國二十三年三月
比例尺 1公分=2000公尺
劉金章繪
圖例
幹渠
支渠
水閘
橋樑
縣城
本會會所
黃河
鐵路
平綏鐵路
薩縣
民生渠水利公會會所
幹渠
黃河
第一支渠
第二支渠
第三支渠
第四支渠
第五支渠
第六支渠
第七支渠
第八支渠
第九支渠
第十支渠
第十一支渠
第十二支渠
第十三支渠
第十四支渠
黑河

凡有×者均爲本會理事由右至左　1.虞振鏞（兼執行部主任）　2.袁慶曾　3.費懷永
4.艾德敷　5.馮　曦（理事長）　6.張國英　7.工程師張季春　8.宋九皋　9.閻　肅

本會執行部全體職員工役

渠聲攝影

緣起

緣起

綏省地面遼闊。氣候乾燥。雨水稀少。旱荒迭見。歷來談開發西北者。莫不以水利爲急務。民國十年前。識者曾提倡在薩托兩縣地方開渠澆地。並以河套創行引水灌溉之法。頗着成效。益覺水利之興。不容再緩。特請王同春先生從事測勘。以便着手。祇以連年政局之頻更。戰事之影響。甚囂塵上。終以事與願違而中輟。會民國十六年。薩托兩縣大旱。顆粒無收。人民死亡。不可勝計。詎旱災連續亘三年之久。赤地千里。餓殍遍地。賣妻鬻子。絡繹於途。實屬悲慘已極。地方人士。以災情重大。患將無已。乃急起呼籲。實行開渠救災之舉。幸蒙李都統培基。馮廳長曦主持於上。其議始成。即於民國十七年。在災民最多之薩托兩縣。從事開挖。西起磴口。東至後野場。由黑河舊筒。以入黃河。招集流亡。以工代賑。所有工欵。除由平綏路附加賑欵。及本省烟畝罰欵附加賑欵。並承閻總司令籌發急賑。綜共集資二十餘萬元。而以四分之一。用於工賑。興工一載。耗資六七萬元。顧工程浩大。經費困難。頗難爲繼。復由綏省府及建設廳與華洋義賑救災總會商妥。於民國十八年訂立合同。雙方集資。所有未完工程。繼續開挖。是年七月。即由華洋義賑救災總會接辦。擔任開渠工作。經營三載。於二十一年冬始大部告成。綜計興工五六年。用費八十餘萬元。現在幹渠長約一百二十餘里。渠口寬九十五尺。深十二尺。底寬五十六尺。渠尾寬四十尺。深一尺。底寬三十七尺。橋樑十二座。閘門五座。至已開支渠。共計十道。(南八道北二道)長約一百四十餘里。橋樑七座。閘門十五座。其餘支渠。尙待興修。以現有渠道而言。約可澆地七千頃。全部告成。當可倍之。如再用人工車水併行。尙不止此。惟是創之維艱。守成不易。華洋義賑救災總會。既以工程告一段落。乃與綏遠省政府籌議。將渠工建築等一併移交管理。以利進行。於是乃由綏遠省政府。華洋義賑救災總會。及薩托兩縣地方。各推代表三人爲理事。組織民生渠水利公會。同時分由綏遠省政府派高秘書伯玉。華洋義賑救災總會。派塔德工程師。理事會公推理事虞振鏞閻靜亭張振邦三君等爲接交員。分別交接。於民國二十二年一月一日成立。並由綏遠省政府刊發木質圖記一顆。文曰『綏遠省民生渠水利公會』。當即啓用。並通知各機關接洽。本會任務。除管理渠工。發展水利。並於改良生產。救濟農村。兼籌並顧。以資貫澈。自接管以來。繼續未完工作。惟當時渠道橋閘。被水損壞。修理需時。工事浩繁。用費超溢。至是年初冬。始行放水。試驗渠道。卒以工程上之困難。不能進而爲地畝之灌溉。終於放水試驗渠道而止。將來放水之實施。尙有待於工程上之補救。茲將本會一年來。各項工作之報告。及將來之計畫。編列於次。以備查考。

組織

民生渠水利公會之組織

本會係由綏遠省政府。華洋義賑救災總會。及薩拉齊托克托兩縣三方面。各派代表三人。（共計九人）組織一理事會。負完全責任。管理民生渠。並由理事中。公推一人。爲水利工會執行部主任。執行部設總務。工務。農務。三股。總務職掌。文牘會計庶務等事。工務職掌。渠道橋閘一切工程事宜。農務職掌。農事試驗。農村調查。農事講習。氣象觀測。樹木種植。等事。至水社及水社聯合會係由地方自行組織。尚未成立。茲將組織系統列表於左

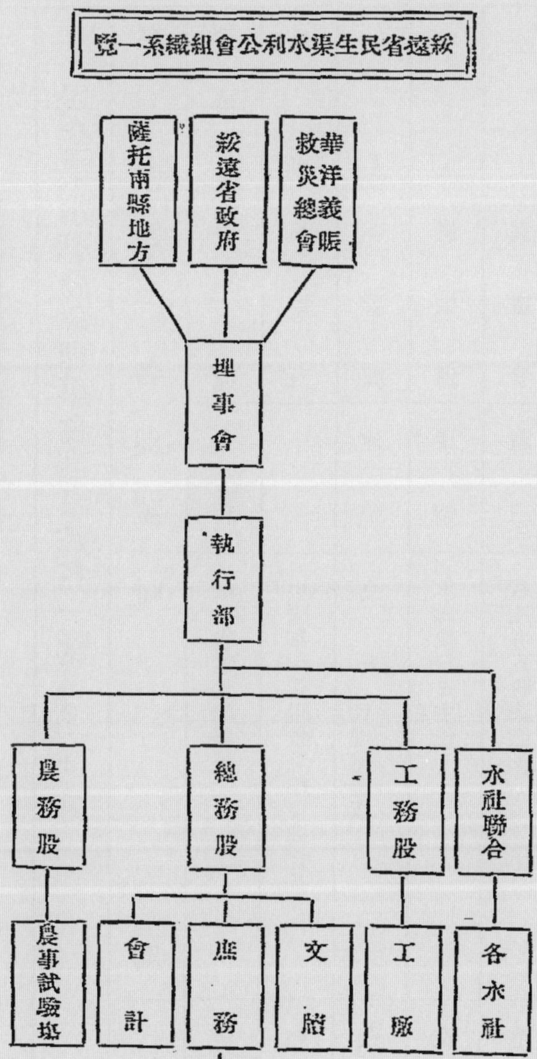

民生渠水利公會理事會理事姓名一覽　民國二十二年

名稱	姓名	別號	職別	代表方面
理事長	馮曦	子和	綏遠省建設廳廳長	省府
理事	艾德敦		中國華洋義賑救災總會副會長	總會
仝上	李廣誠	仲華	仝上　代理總幹事	仝上
仝上	虞振鏞	振鏞	本會執行部主任	仝上
仝上	袁慶曾	祝三	綏遠省民政廳廳長	省府
仝上	費懷永		綏遠公醫院院長 本會名譽會計	地方
仝上	閻肅	靜亭	綏遠省通志館副館長 本會名譽書記	省府
仝上	張國英	振邦	薩拉齊縣代表	地方
仝上	宋九皋		托克托縣代表	地方

民生渠水利公會執行部職員姓名一覽 民國二十二年

職別	姓名	別號	年歲	籍貫	到會年月日	備註
主任兼農務股長	虞振鏞	以字行	四十三	浙江慈谿	二十二年一月一日	
總務股長兼文牘員	樊季清	以字行	四十五	浙江杭縣	仝上	
庶務員	馬勛	叔明	三十八	河北大興	仝上	
會計員	郎維傑	俊良	三十	河北武清	二十二年二月一日	
工務股長	張季春	秀三	三十一	河北平山	二十二年三月一日	八月七日辭職
臨時工程師	孫煥文	成章	三十	山東德縣	二十二年三月十四日	五月十四日辭職
仝上	周昱	曜寰	二十二	河北高陽	二十二年二月廿一日	十二月六日辭職
助理工程師	劉全業	以勤	二十九	河北晉縣	二十二年三月十四日	
仝上	施邦彥	佐才	二十三	浙江紹興	二十二年九月廿七日	

仝上	巾懷璧	席珍	二十八	河北正定	二十二年三月十四日	八月三十一日辭職
農務股技士	田圃	子方	三十三	綏遠薩縣	二十二年三月一日	
助理員	閻秉鑫	璞山	二十五	綏遠托縣	二十二年一月一日	
仝上	盧澤	潤生	二十八	綏遠薩縣	二十二年二月一日	二十三年一月七日辭職
仝上	張煥文	靜原	三十三	綏遠薩縣	仝上	仝上
仝上	董生福	蔭庭	三十五	綏遠薩縣	仝上	四月八日辭職
仝上	沈鴻尊	仰欽	二十四	浙江慈谿	二十二年三月一日	
仝上	翁秉懿	德輝	二十八	浙江杭縣	二十二年六月一日	
仝上	桂少川	少川	三十八	河北大興	二十二年八月一日	十月九日辭職
警長	祁登華	碧雲	三十四	綏遠薩縣	二十二年三月廿日	二十三年一月廿一日辭職

民生渠水利公會各股工役及渠警工匠等姓名一覽

總務股工役

唐文生　劉清坡　修　注　王潤年　范四懷　張進先

工程股工役

沈廣春　李　志　戴富春　杜照亭　蕭頤昌　李賡波　王殿臣　祁恩海
馮　璞　郭文華　趙子恒　崔志成　白恒俊　孫士寰　高名聲　張秀峯
王季鎖　楊喬小　魏　恩

農務股工役

蔡法成　劉　秃　崔　三　蘇　紅　崔　二　郭天才　蘇起三　李福元
蔡生貴　畢慶畢

渠警

張　信　高茂盛　薛長發　張殿魁　侯秉義　張効功　趙連城　李樹林
郭生財　張　經　張効友　劉得勝　田有山　富占魁　王耀魁

工匠

黃瑞岐　齊仰揆　鄧　榮　李桐桂　王蔡小

總務

經費籌借之經過

本會甫經成立。經費無出。雖經指定水租渠捐。然亦緩不濟急。無以挹注。當於民國二十一年十二月一日。第一次臨時理事會。決議。先由執行部於澆地三千頃十萬元之收入爲標準。撙節開支造具概算。在未收水租以前。由綏遠省政府。及華洋義賑救災總會。担任共同借欵。以維現狀。又於十二月三日第三次臨時理事會。以本會概算支出。在收入欵項未收回以前。上次決議。由省政府暨總會共同担任借欵。應以何種方式辦理案。決議。以本會財產及收入作担保。函由省政府。及總會。共同介紹銀行貸用。復於二十二年一月十五日。第四次臨時理事會。經主席告報。本會經費。本擬由省政府與總會。兩方會同介紹。担任向銀行借欵十萬元。以資應用。因總會方面。爲章程所限。不能代替担保借欵。允照銀行辦法。借予本年之工程費洋五萬元。至經常費五萬元。另由省府籌借。當派員赴平津向各行商借。往返接洽結果。計借到天津中國銀行壹萬元。歸化交通銀行壹萬元。北平金城銀行壹萬二千五百元。天津大陸銀行壹萬二千五百元。北平北洋保商銀行伍千元。共計洋伍萬元。借欵期限爲一年。月息壹分貳釐。並分別訂立合同。以資遵守。又以天時之故。工程浩繁。經費不敷。復臨時向綏省平市官錢局。及豐業銀行。各借洋肆千元。以應急需。綜計共借欵壹拾萬零捌千元。所有利息一項。約需洋壹萬伍千元之數。此爲本會籌借經費之經過。亦即所擔負之債務也。茲將與中國華洋義賑救災總會。及平津五銀行。所訂之借欵合同。附列於後。

立合同綏遠省民生渠水利公會、中國華洋義賑救災總會（下稱甲方、乙方）今因甲方爲完竣水利工程向乙方訂借款項雙方議定條件如左

第一條　借欵總額定爲國幣伍萬元此次先借銀貳萬元其餘三萬元以後另立合同定之本借欵交款還欵均在北平行之由甲方出具印收備查

第二條　所借之款訂明專供民國二十二年民生渠水利公會所定工程計劃之用

第三條　借款交付日期依本合同後附之工程預算表所定日期及額數行之

第四條　借欵期限自第一次交款之日起算以壹年爲期

第五條　借款利率按月息壹分貳釐計算

第六條　本借欵之本息由甲方指定就民生渠全渠收入償還

第七條　本借欵本息應俟甲方向五銀行所借欵額伍萬元本利清償後儘先歸還本借欵到期時收入如不敷清償本息之用由綏遠省政府負責歸還

第八條　本合同如有未盡事宜經雙方同意得以書面修改之

第九條　本合同共繕三份除由綏遠省民生渠水利公會及總會各執一份外其一份由甲方呈送綏遠省政府備案

甲　方　綏遠省民生渠水利公會代表

乙　方　中國華洋義賑救災總會代表

承還人　綏遠省政府代表

中華民國二十二年五月十五日

立合同綏遠省民生渠水利公會中國華洋義賑救災總會（下稱甲方乙方）今因甲方爲完竣水利工程向乙方訂借欵項雙方議定條件如左

第一條　借欵總額定爲國弊伍萬元此次訂借銀叁萬元其他貳萬元已另立合同本借款交欵還欵均在北平行之

第二條　所借之欵訂明專供民國二十二年民生渠水利公會所定工程計畫之用

第三條　借欵交付日期依本合同後附之工程預算表所訂日期及額數行之

第四條　借款期限自第一次交款之日起算以壹年爲期

第五條　借欵利率訂定月息壹分貳釐按每期所借欵額支領之日起算

第六條　本借欵之本息由甲方指定就民生渠全渠收入償還

第七條　本借款本息應俟甲方向五銀行所借欵額伍萬元本利淸償後儘先歸還本借欵到期時收入如不敷淸償本息之用由綏遠省政府負責歸還

第八條　本合同如有未盡事宜經雙方同意得以書面修改之

第九條　本合同共繕三份除由綏遠省民生渠水利公會及總會各執一份外其餘一份由甲方

呈送綏遠省政府備案

甲　方　綏遠省民生渠水利公會代表

乙　方　中國華洋義賑救災總會代表

承還人　綏遠省政府代表

中華民國二十二年五月十五日

立合同 綏遠省民生渠水利公會　天津中國　大陸銀行　歸化交通銀行　北平金城北洋保商銀行（下稱甲乙）今因甲方爲經營水利事宜向乙方訂借欵項雙方議定條件如左

第一條　借款總額計國幣伍萬元各銀行承借數目如下

天津中國銀行壹萬元

歸化交通銀行壹萬元

北平金城銀行壹萬貳千伍百元

天津大陸銀行壹萬貳千伍百元

北平北洋保商銀行伍千元

以上共計國幣伍萬元在綏遠交付由甲方出具印收備查

第二條　借款期限以壹年爲期自交欵之日起算

第三條　借欵利率按照月息壹分貳釐計算如甲方於期限內歸還本欵一部其餘本欵一部利隨本減還欵時即由甲方將欵就近交由綏遠中國交通保商三銀行代收接各行借欵成分撥還乙方

第四條　此欵本息甲方由民生渠全渠收入（即水租渠捐等）項下撥還並以全渠建築物二分之一爲第二抵押品

第五條　此欵由綏遠省政府負完全擔保責任甲方如於到期時未能將借欵還清應由綏遠省政府撥欵清還本息（又綏遠省政府應將本條辦法另以正式印函向乙方聲明）

第六條　本合同如有未盡事宜經雙方同意得修改或以書面補充之

第七條　本合同共繕七份由綏遠省民生渠水利公會及借款五銀行各執一份以資遵守其餘一份由甲方呈送綏遠省政府備案

借款人　綏遠省民生渠水利公會

承借人　天津中國銀行

歸化交通銀行

北平金城銀行

天津大陸銀行

北平北洋保商銀行

担保人　綏遠省政府

中華民國二十二年二月　日

購置地畝

本會會所地點。既擇定丹進營村。乃更爲農事試驗場地畝之購置。惟該處附近民生渠。而地戶復多零星。遽購不易。經多次接洽。始陸續購妥慶豐堂等十八家之地。共計八頃六十二畝。其價自一元七角至二元五角不等（房基地不在其內）綜計銀元壹千玖百叁拾餘元。再試驗場中間。尙有地數塊。因地主故意抬價。未得購妥。頗感困難。須待來年再行商洽也。茲將所置地畝。分別列左。

購置地畝一覽 民國二十二年

原地主姓名堂	地畝所屬村	地畝畝數	每畝單價	總價
慶豐堂	丹進營村	二頃六十二畝六分	一·八五	四八五·八一
慶豐堂	丹進營村	十七畝三分	六·九四	一二〇·〇〇
陳二禿	丹進營村	二十五畝	二·〇〇	五〇·〇〇
宋成德	丹進營村	七十畝	一·七一	一一九·七〇
資斌	丹進營村	十五畝	二·〇〇	三〇·〇〇
資驥和	丹進營村	十一畝	二·〇〇	二二·〇〇
王利	丹進營村	四畝一分	二·〇〇	八·〇〇
王禮	丹進營村	八畝五分	二·〇〇	一七·〇〇

強福喜	丹進營村	七畝六分	二·〇〇	一六·七二
李生泉	廟營子村	四十六畝 四十四畝	二·〇〇	一八〇·〇〇
王興隆	烏拉板申	十三畝八分	二·〇〇	二七·二〇
韓文錦	丹進營村	十畝	四·〇〇	四〇·〇〇
陳二剛	丹進營村	七畝六分	二·五〇	一九·〇〇
王德全	丹進營村	乙百零二畝	二·五〇	二五五·〇〇
王德全	丹進營村	乙百九十八畝	二·五〇	四九五·〇〇
王四寶	丹進營村	六畝四分	二·五〇	一六·〇〇
王招財 三板撓	丹進營村	十三畝八分	二·五〇	三四·五〇
共計		八頃六十二畝七分		一九三五·九三

本年度經費收支預算

收入

華洋義賑救災總會借欵伍萬元

平津大陸金城保商中國交通五銀行借欵伍萬元

綏遠平市及豐業銀行借欵捌千元

以上共計壹拾萬捌千元

支出

（一）臨時門

I. 工程費 $50,000.00

1	材料約	$ 11,330—
2	土方工資約	$ 17,000—
3	材料運費約	$ 2,650—
4	工匠工資約	$ 3,100—
5	薪金（職員）	$ 4,690—
6	第八支渠工料	$ 3,000—
7	雜項及意外	$ 8,230—

II. 農事試驗場

開辦費 $ 10,000.00

1	購地十頃約	$ 2,000—
2	平地及挖水道約	$ 1,000—
3	建築房屋費約	$ 5,000—
4	農具及儀器約	$ 2,000—

III. 籽種借貸費 $4,000.00

（二）經常門

IV. 本會經營費 $36,000.00

1	職工薪金約	$ 20,564—
2	燈火約	$ 860—
3	用具約	$ 1,500—
4	運輸（汽油旅費）約	$ 2,000—
5	郵電約	$ 520—
6	文具及印刷約	$ 660—
7	保衛費約	$ 1,000—
8	試驗費約	$ 1,500—
9	修理（渠道橋閘房屋傢具等）約	$ 4,400—
10	理事會及水社約	$ 2,000—
11	房租及雜支	$ 996—

說明

（一）本年預算係自二十二年一月一日起至二十三年一月三十一日止

（二）本會工務股股長之薪金係由工程費內開支

本年度經費預算分配表

用度 \ 月份	一	二	三	四	五	六	七	八	九	十	11	十二	二十三年一	全年共
薪工	1,114	1,364	1,670	1,670	1,670	1,670	1,670	1,670	1,670	1,670	1,670	1,528	1,528	20,564
燈火	99	90	90	45	45	45	45	45	45	50	90	90	90	880
用具	1,000	—	—	500	—	—	—	—	—	—	—	—	—	1,500
運輸及旅費	300	130	130	150	130	150	130	160	130	130	130	130	200	2,000
郵電	40	40	40	40	40	40	40	40	40	40	40	40	40	520
文具印刷	100	100	—	—	—	100	100	—	—	—	—	100	160	660
保衞費	200	200	100	—	—	—	—	200	200	100	—	—	—	1,000
試驗費	200	200	100	100	100	100	100	80	200	80	80	80	80	1,500
修理費	—	—	—	400	2,000	1,000	—	500	—	500	—	—	—	4,400
理事會及水社	150	—	—	80	—	—	—	280	80	—	—	1,410	—	2,000
房租及雜支	84	76	76	76	76	76	76	76	76	76	76	76	76	996
經營費共	3,278	2,200	2,206	3,061	4,061	3,181	2,161	3,051	2,441	2,646	2,086	3,454	2,174	36,000
工程費共	—	390	1,779	13,787	21,207	3,357	2,357	2,357	2,178	2,179	409	—	—	50,000
試驗場開辦費共	2,000	1,000	1,000	1,000	2,000	2,000	1,000	—	—	—	—	—	—	10,000
籽種借貸共	500	2,000	—	1,500	—	—	—	—	—	—	—	—	—	4,000
每月共計	5,778	5,590	4,985	19,348	27,268	8,538	5,516	5,408	4,619	4,825	2,495	3,454	2,174	100,000

本年度經常臨時各項支出分類表

民國廿二年一月一日至廿三年一月三十一日

經常費		工程費		建築會所及試驗場開辦費		籽種貸款	
薪工	15,619.24	洋灰	2,210.00	整地	97.26	貸出款項	980.00
燈火	1,040.80	木料	5,726.38	雜支	45.74		
運輸	4,352.59	五金	2,088.76	地價	1,776.53		
郵電	294.84	片石	3 812.61	車輛及役畜	540.80		
文具印刷	796.47	石子	409.79	儀器	360.55		
保衛費	621.05	砂子	819.99	農具	221.18		
試驗費	1,581.97	白灰	1,105.86	房屋—房基址	160.00		
修理費	8,320.73	土方工資	23,161.98	〃 磚瓦	1,734.81		
理事會	426.38	火車運輸	3,941.56	〃 石料	1,066.84		
房租及雜支	1,023.05	大車運輸	591.75	〃 土坯	701.14		
遷移費	287.63	汽車運輸	246.40	〃 木料	2,348.36		
農事講習會	225.00	職員薪金	4,047.04	〃 工匠	2,476.85		
傢俱	177.83	工役薪金	5,681.54	〃 雜項	610.43		

農具	344.45	旅費及測量費	741.31	〃五金	239.05		
工具	12.55	雜支	564.64				
儀器	113.34	雜支(放水)	164.61				
雜件	388.16	工具	309.00				
鐵工廠	2,999.76	儀器	130.20				
		雜件	28.22				
		預支賬	112.00				
共計	38,625.84		55,893.64		12,379.54		980.00

新會所之建築

當華洋義賑救災總會工程時期。本係臨時性質。即就蔭縣車站附近。租用民房一所。爲辦公處。惟該處距離渠道甚遠。於管理方面。頗感困難。爲管理便利起見。特於縣城東南三十餘里之丹進營村。購地一方。(計二十七畝)。就地取材。建築新會所一處。計大小房屋六十間。炮台四座。大門一道。所有地基磚石木工材料。共合洋玖千四百元。已於去年十二月落成。並遷入新地址辦公矣。

籽種貸欵之經過

本會以蔭縣農村凋敝。缺乏籽種。欲事耕種。亟待維持。乃於本年度預算範圍內。籌撥洋四千元。以爲農村籽種貸款之需。俾村農得以地契作爲抵押。而貸款焉。茲將各村村戶及貸款數目。列表於左。

村名	戶數	地契張數	地照張數	貸款數目
王老四營子	八	一一	七	二四三·〇〇
二座茅庵	一一	七	一〇	一二一·〇〇
王基營子	五	一	八	三二·〇〇
得勝營子	一〇	一三	三	一六〇·〇〇
大喇嘛窰子	八	四	四	一五九·〇〇
侯家營子	二五	二〇	一六	一三七·〇〇
五俱牛窰鄉	五	一	無	一二八·〇〇
共計	七二	五七	四八	九八〇·〇〇

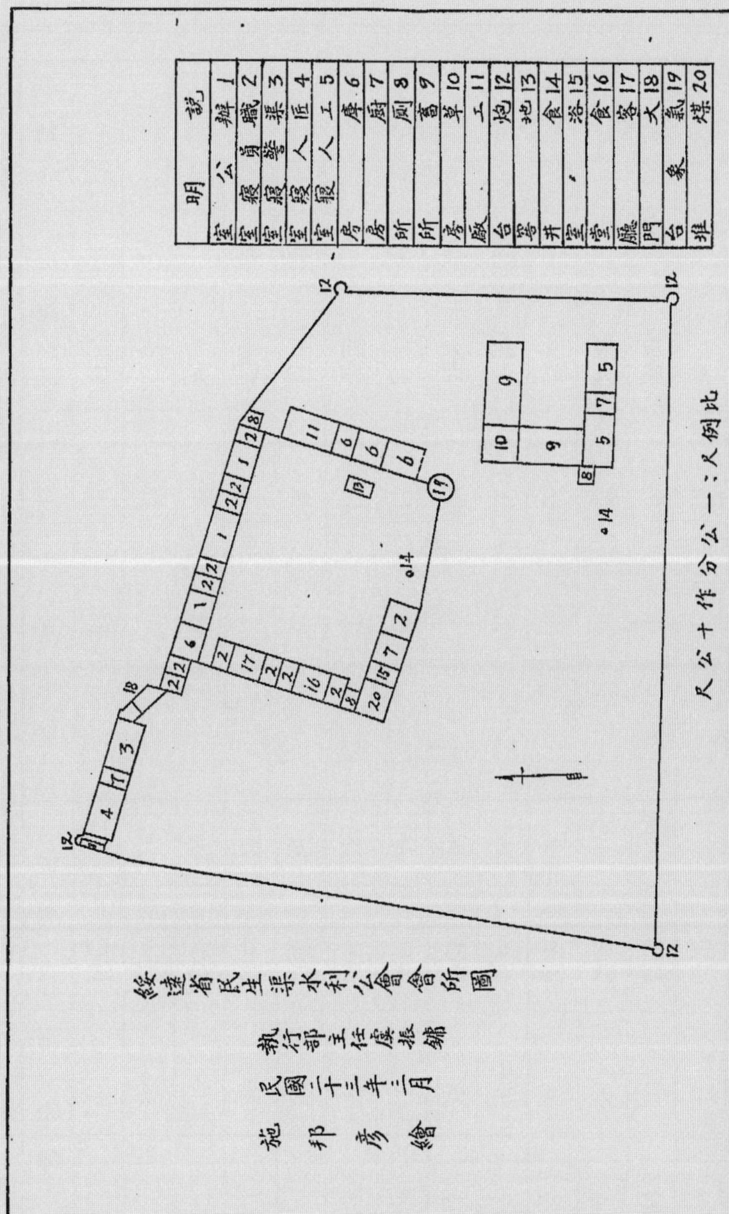
說明
辦公室 1
職員寢室 2
渠警寢室 3
匠人寢室 4
工人寢室 5
庫房 6
廚房 7
厠所 8
畜所 9
草房 10
工廠 11
砲台 12
地窖 13
食井 14
浴室 15
食堂 16
客廳 17
大門 18
氣象台 19
煤堆 20
比例尺一公分作十公尺
綏遠省民生渠水利公會會所圖
執行部主任屈振鏞
民國二十三年三月
范邦彥繪

本年函電收發統計表

項別	月份	函件	電報	印品
收項	一	三二	三	無
	二	五〇	二	一
	三	二五	五	無
	四	七〇	一	一
	五	三五	四	二
	六	四六	二	一
	七	三九	二	二
	八	六六	八	一
	九	四七	一五	二
	十	五五	七	一
	十一	五九	四	三
	十二	三四	一	一
	一	二九	三	一
共計		五八七	五七	一六
發項	一	一〇五	一	無
	二	三二	六	無
	三	六〇	三	無
	四	六二	一	七
	五	四二	三	無
	六	四八	一	一七
	七	二八	二	一七
	八	六六	六	一七
	九	五五	十三	一七
	十	四三	三	一七
	十一	四八	六	一七
	十二	三四	二	二三
	一	三三	一	二五
共計		六五六	四八	一五六

工務

民生渠區域內之地勢

民生渠依黃河灣曲形勢。在包頭東約三十里之鐙口車站東南五里開口。向東開挖至陶思浩車站南二十餘里後野場止。是爲幹渠。由幹渠向南北開者。則爲支渠。因黃河係向東南方流。而幹渠係向正東開挖。故幹渠以南之灌漑區域。爲西狹東寬之三角形（看圖）。該地原爲黃河流域。時漲時落。淤泥沉澱所成。惟昔之黃河舊道。原在陰山南麓二十里左右。因北部山水歷年南流。隨帶泥沙將附近地勢塡高。黃河漸向南移。乃成今日之形勢也。其南移趨勢。亦無定例。大約每經數十年。必有一次大雨。山洪暴發。泥沙沖積。河身即被迫南移。以地勢推測。轉移變化。由來久矣。故今之頭道壕二道壕與三道壕者即前之黃河遺蹟也。民生渠灌域大體尚稱平坦。若詳細測量。不免仍有北高南低與東低西高之少數坡度。復以黃河舊道之旱溝夾雜其間。遂成分裂之地形。因之土質有膠泥沙灘與鹼地之分。再民生渠幹渠長約一百二十五里。兩端渠底高低相差不過二十一尺三寸半。每華里平均坡度僅有一寸七分。以比例言。約爲一萬零五百分之一。至各支渠所經之地勢尤爲複雜。蓋須經黃河舊道數處（支渠係南北向黃河舊道係東西向）。致多爲駝背形。如引水灌田。高地不易上水。低地不免被淹。工程困難。可以想見。非有詳細測量及計畫不可也。

本會接收時工程之概況

本會於民國二十二年接收民生渠時。幹渠僅開至五十五公里地點。上段自烏拉板申至缸房營子一段尚有未挖通者數處。支渠之已開挖者。計有第二支渠三·六公里。第三支渠四·七五公里。第四支渠八·一五公里。第五支渠九·八公里。第六支渠十四·二公里。第七支渠一九·六公里。第八支渠十八·八公里。第九支渠二·六公里。此外尚有幹渠閘門三座。木橋八座。支渠閘門十一座。木橋八座。而幹支各渠有決口多處。尚待修補。至所交地圖除已成幹支渠側面圖及全渠平面圖外。其渠背之高低。地勢之情形。均感缺如。無以明其梗概。此本年工程上所感之困難耳。

本年工程上之損失

春初黃河解凍。冰排堆積。河水出漕。流入二道壕（黃河舊道）。第二支渠之閘門全部冲塌。第三，四，五，六，七，八等支渠土壩。多被冲開。當時地凍未化。無法修補。此本年未澆春水之故也。不意修理甫畢。即伏雨連綿。爲數十年所未有（另看本年氣象報告第四表）幹渠以北山洪暴發。村落被淹。沿渠數十村生命財產。危在旦夕。不得已始允其請。將幹渠北渠背開口六處。以洩山水。而解農民之危。因此土合奇一段之渠身。被五道溝一帶砂土所淤塞（另詳放水試驗報告）。同時黃河大漲。沿河堤壩冲塌多段。卽渠口閘門。亦被水沒。其時民生渠南北西三面受水。全部工程。岌岌可危。幸東段未完幹渠。曾於初夏開通。水勢得向黑河排洩。稍減急湍之勢。除第六，七，八支渠南段被水浸泡者。二月有奇。渠身渠背多被洗涮。及幹渠自渠口至第三支渠約二十五里被淤外。餘無大損。業已次第修補完竣。亦不幸中之幸也。

本年工程方面之工作

本會原有圖樣既不完備。着手整理。費日需時。當於三月間派工程師等分途測量。自第五支渠至第九支渠。地勢情形及各支渠渠背之高低。月五初開工。先將上年及春季決口修補完竣。第八至第九支渠間幹渠渠背加高。並將自缸房營子至後野場一段（十五公里）。未完幹渠挖通。同時添造應有橋閘。迨入秋後。又因伏雨之損失及預備放水試驗之工作。甚爲緊張。茲將上年新工程摘要列表於左。

附民國二十二年新工程一覽表

名稱	地點	材料	土方及人工	雜費	共計
延長幹渠	由缸房營子東至後野場	—	一二·九二二·二九	三·七六〇·三七	一六·六八二·六六
新造閘門	第七支渠大沙街	一·〇四九·七三	一八八·二五	三二一·六五	一·五五九·六三
同上	丹進營子東義和渠	一·三〇九·六八	三〇五·三二	三六七·八三	一·九八二·八三
同上	缸房營子西	四五四·四七	三九九·九六	一九〇·九七	一·〇四五·四〇
同上	第八支渠新地	一·〇〇五·二七	一八四·四五	三一四·五〇	一·五〇四·二二

（表頭：價值元）

同上	幹渠高才梁營子	一・九九五・九四	四〇九・二〇	四九三・二四	二・八九八・三八
同上	渠尾	五・八六三・二九	七九五・八五	一・〇六九・四三	七・七二八・五七
支渠加背	第三支渠	—	二八〇・七五	八一・六五	三六二・四〇
同上	第四支渠	—	五三三・〇三	一五五・一一	六八八・一四
同上	第五支渠	—	一・一二二・五四	三二六・六六	一・四四九・二〇
同上	第六支渠	—	二七九・六九	八一・三九	三六一・〇八
同上	第七支渠	—	三八八・七一	一一三・一二	五〇一・八三
同上	第八支渠	—	五二四・六九	一五二・六八	六七七・三七
同上	第九支渠	—	一七四・五〇	五〇・七八	二二五・二八
新造幹渠木橋	侯家營子	二・二五三・一四	一三五・一三	三九・三二	二・四二七・五九
同上	缸房營子	二・二五三・一四	一三五・一二	三九・三二	二・四二七・五八
同上	郭縣營子	二・二五三・一四	一三五・一三	三九・三二	二・四二七・五九
同上	銀紅圪坦	二・二五三・一四	一五三・一二	三九・三二	二・四二七・五八
幹渠加背	第八至第九支渠間	—	五・六五七・三〇	一・六三三・七三	七・二九一・〇三
同上	三原井	—	一七・四八	五・〇九	二二・五七
同上	五盛公	—	三〇六・四〇	八九・一六	三九五・五六

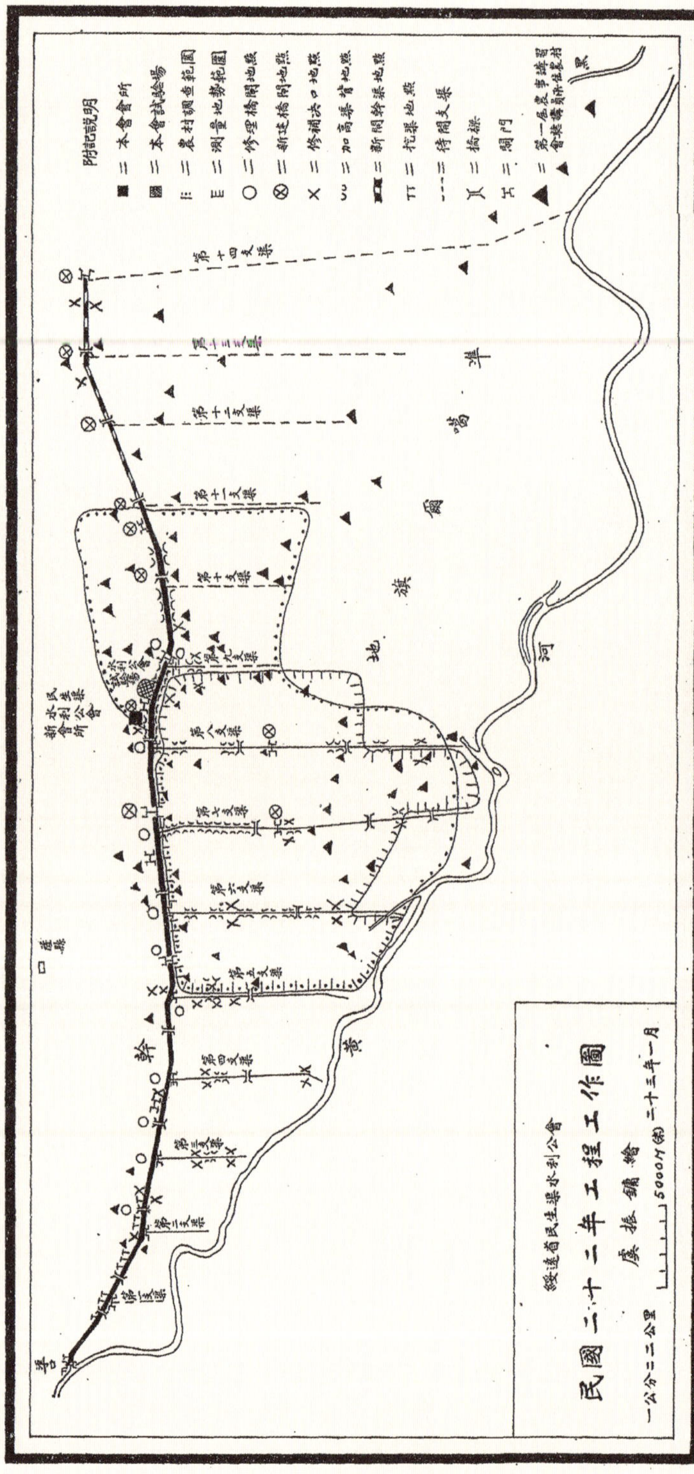
綏遠省民生渠水利公會
民國二十二年工程工作圖
康振鏞繪
二十三年一月
附記說明
本會會所
本會試驗場
農村調查範圍
測量地勢範圍
修理橋閘地點
新建橋閘地點
修補決口地點
加高渠背地點
新開幹渠地點
挖渠地點
待開支渠
橋樑
閘門

名稱	地點	材料	土方及人工	雜費	共計
汽車道	七座茅庵至薩縣	—	二一・九〇	六・三七	二八・二七
開子渠口	第五至第九支渠	—	七九六・〇〇	二三一・六四	一・〇二七・六四
放水工程	渠口及各閘門	—	一四六・五一	四二・六三	一八九・一四
共計		二〇・六九〇・九四	二五・九九五・三二	九・六四五・二八	五六・三三一・五四

附民國二十二年修理工程一覽表

名稱＼地點＼用款	地點	材料	土方及人工	雜費	共計
挖土	渠口	—	一・六二九・五二	四八・〇〇	一・六七七・五二
幹渠堵口	把拉蓋	—	三五二・八〇	四三・三〇	三九六・一〇
仝上	七座茅庵西	—	二〇六・二八	六・〇〇	二一二・二八
仝上	廟營子北	—	四六・二〇	一・五〇	四七・七〇
仝上	白銀敗汗	—	五一八・四七	一五・〇〇	五三三・四七
仝上	渠尾	—	二五一・八二	一四三・八三	三九五・六五
挖泥	土合奇	—	二九七・一二	一四・四八	三一一・六〇
閘門東渠背	七座茅庵	一五〇・四〇	四九・四〇	一一・四二	二一一・二二
修理各支渠	第二支渠	—	一四六・一〇	四・五〇	一五〇・六〇
仝上	第三支渠	—	一〇・四〇	五二・七〇	六三・一〇

仝上	第四支渠	—	—	二·四五	二·四五
仝上	第五支渠	—	二二〇·二〇	一三·五〇	二三三·七〇
仝上	第六支渠	—	一四八·六三	二〇·〇〇	一六八·六三
仝上	第七支渠	—	二六五·二四	三〇·一〇	二九五·三四
仝上	第八支渠	—	一三〇·八三	一二·一五	一四二·九八
修理閘門	高才舉營子	—	—	一·五〇	一·五〇
仝上	七座茅庵	一一一·二六	三三三·五一	六六·二三	五一一·〇〇
仝上	缸房營子	—	九·四〇	—	九·四〇
仝上	義和渠	—	—	二·八〇	二·八〇
仝上	第三支渠口	一二七·六三	一七二·六〇	—	三〇〇·二三
仝上	第四支渠口	五〇·六〇	六七·三五	—	一一七·九五
仝上	第五支渠口	七二·六三	二八三·五〇	—	三五六·一三
仝上	第六支渠口	二〇〇·五三	一七六·〇五	—	三七六·五八
仝上	烏拉板申	—	一五·〇五	三·二〇	一八·二五
仝上	幹渠尾	—	—	一〇·三〇	一〇·三〇
決口	義和渠口	—	五六·一〇	一·一〇	五七·二〇

渚子渠口	第五及第六支渠	—	二〇·〇〇	〇·五八	二〇·五八
汽車路	由四支渠至缸房營子	—	四一〇·〇〇	一二·〇〇	四二二·〇〇
栽樹	幹支渠損根及渠背	—	七七九·一二	—	七七九·一二
共計		七一三·〇五	六·五九五·六九	五一六·六四	七·八二五·三八

民生渠工程與資產

民生渠自民國十八年正式開工以來。業將六載。原期二年之後。即可逐漸放水澆地。旋因工匠缺乏。工程人員不敷分配。及工程費不足之故。以致未能如期放水澆地。而民間待水甚急。未免失望。今將全渠之工程及資產。列表於左。

甲、民生渠工程一覽表

工程 期別 渠道	開渠公里 工程時期	開渠公里 公會時期	開渠公里 共	木橋座數 工程時期	木橋座數 公會時期	木橋座數 共	閘門道數 工程時期	閘門道數 公會時期	閘門道數 共	說明
幹渠	五五	一五	七〇	八	四	一二	三	二	五	渠道業已開通，應有橋閘，亦已齊備，惟因退口一段，上年被淤，渠尾下游，黑河淤塞，遇水排水，尚待改修。
第一支渠	—	—	—	—	—	—	一	—	一	地勢太高。無法上水。
第二支渠	三·六	—	三·六	—	—	—	一	—	一	地勢太高、無法上水·閘門冲坍·暫作廢棄·

第三支渠	四、八	—	四・八	—	—	—	一	—	一	地勢太高・無法上水・
第四支渠	八・二	—	八・二	一	—	一	一	—	一	仝上
第五支渠	九・八	—	九・八	一	—	一	一	—	一	約可澆地三分之一・惟渠背太低・急須加高・
第六支渠	一四・二	—	一四・二	一	—	一	一	—	一	非將下游幹渠木橋修改閘門・全區不易澆水・
第七支渠	一七	—	一七	三	—	三	一	一	二	渠背太低・急須增高・方可澆地・渠尾一段・因被淤・宜重開挖・
第八支渠	一八・八	—	一八・八	二	—	二	一	一	二	下游閘門太低・尚難澆水・渠背亦應加增・南段渠身被淤・應重開挖
第九支渠	二・六	—	二・六	—	—	—	一	—	一	渠背須加土・閘門亦須增高・
其他支渠	—	—	—	—	—	—	二	二	四	由民間出資開挖・
共	一三四	一五	一四九	一六	四	二〇	一四	六	二〇	

乙、民生渠資產一覽表

項目＼價值＼期別	工程時期 銀	元	水利公會時期 銀	元	共計 銀	元
幹渠	五五五・六一七	二一	六七・二九四	七七	六二二・九一一	九八
第一支渠	六一三	五二	—		六一三	五二
第二支渠	五・〇九四	六四	二〇二	七一	五・二九七	三五
第三支渠	六・四〇八	一六	一・〇三三	〇九	七・四四一	二五

第四支渠	一三・二四四	○四	一・一三一	六六	一四・四七五	七○
第五支渠	一六・七一一	六四	三・一○二	八九	一九・八一四	五三
第六支渠	二一・五九二	七六	一・七三六	六四	二三・三二九	四○
第七支渠	三四・一五○	九八	三・六六四	七二	三七・八一五	七○
第八支渠	三○・五六九	一九	三・六五八	三○	三四・二二七	四九
第九支渠	八・三六五	七二	三六四	四七	八・七三○	一九
其他支渠	?		四・一五六	七六	四・一五六	七六
黃河石提	六六・六五四	一八	—		六六・六五四	一八
會所	—		一二・六九七	四○	一二・六九七	四○
農事試驗場	—		三・七○五	六五	三・七○五	六五
存貨	九・一九一	二四	四・八四○	五九	一四・○三一	八三
共計	七六八・三一三	二八	一○七・五八九	六五	八七五・九○二	九三

說明

(一)在工程未完成之前・所有經常開支及歲修・皆應分配於各項工程資產・以明實際之價值・故工程時期之經常費洋二十一萬三千五百二十元二角八分・及水利公會二十二年度開支洋二萬六千一百三十七元二角一分・均已分配於上列各項・

(二)水利公會接收工程時期之傢具材料・除電話洋灰外・均未作價・故無法計算・

(三)工程時期・共計支出七六八・三一三・二八・內綏遠省政府墊款三二○・○○○元・其餘爲中國華洋義賑救災總會之借款・

將來工程之計畫

民生渠原定計畫。約可澆地二萬頃。即將西部高地。南部蒙地。及渠道佔用地畝與沙灘除外。約可灌溉一萬餘頃。以每畝水租大洋二角計。每年可有二十餘萬元之收入。除本會常年經費數萬元外。尚有十餘萬元。以之歸還積欠。不難清償。惟因現有工程既不合於灌溉。而易於澆水地段復未完工。故所澆之地有限。而每年經費勢所必需。長此以往。債台日積。水利計畫。難期完成。若非急謀通盤籌畫。完成全部工程。勢將束手無策。今將此後工程計畫及應需款項。略計於左。

一、測量地勢之計畫與預算

夫工程計畫。應先有相當之測量。始能順序進行。而免種種之虛耗。以前工程。爲急於救災起見。未及詳細測量。即行動工。致有今日之結果。此後進行。應於開工之前。先測量自九道支渠至黑河一帶地勢。繪成詳圖。以定渠道之方向。渠背之高底。橋樑之位置。及支渠分水渠之計畫等。重要問題。免蹈覆轍。惟該段地面遼闊。測量又不容緩。預計分兩班進行。約計工程師四名。測地夫十二名。小工十名。每月薪工及雜費。約需洋七百五十六元。限五個月告竣。共計需洋三千七百八十元。此爲發展新工程第一部之開支也。

二、補救現有工程之計畫附預算表

民生渠工程因當年建築時。工程師既不敷分配。而監工者復乏經驗。加以工地遼闊。同時進行。難免有照顧不周之弊。故所有工程。殊欠堅固。各處渠道。經數年冰凍水冲。漸有坍塌。若勿隨時修補。恐將擴大。益難收拾。再幹支各渠渠背之太低者宜增高。上年被淤渠道。亦應疏濬。今將修理工程之預算列表於左。

支渠	渠背		渠垻		渠道		子渠口		共銀元
	公尺	銀元	公尺	銀元	公尺	銀元	數	銀元	
五	二〇〇	一〇〇	一,八〇〇	三,六〇〇	—	—	一二	七二〇	四,四二〇
六	二,六〇〇	一·三〇〇	二,四〇〇	二,八〇〇	三,四〇〇	三,四〇〇	二〇	一,二〇〇	八,七〇〇
七	九〇〇	四五〇	三五〇	三五〇	一五,四〇〇	一五,四〇〇	四四	二,六四〇	一八·八四〇
八	五,六〇〇	二,八〇〇	六〇〇	六〇〇	一一,四〇〇	一一,四〇〇	三二	一·九二〇	一六,七二〇
九	八〇〇	四〇〇	—	—	—	—	—	—	四〇〇
共	一〇,一〇〇	五,〇五〇	五,一五〇	七,三五〇	三〇,二〇〇	三〇,二〇〇	一〇八	六,四八〇	四九,〇八〇
修理黃河石堤									四·〇〇〇
疏濬幹渠									三五,〇〇〇
加高幹渠渠背									六,六〇〇
修理幹渠閘門									一,五〇〇
修理支渠閘門									一,七八〇
總共									九七,九六〇

三、新工程之計畫附預算表

按民生渠全區地勢。即應將東段未完工程。從速進行。測量完成後。即依地勢情形。將第九至十四支渠開挖至準噶爾旗地界為止以謀水利之發展。今將工程預算約計於左。

支渠	閘門 幹渠 數	閘門 幹渠 銀元	閘門 支渠 數	閘門 支渠 銀元	閘門 子渠 數	閘門 子渠 銀元	木橋 數	木橋 銀元	土工 用	土工 價	土工 銀元	共銀元
九	無	無	一	三〇〇	二六	一,五六〇	一	四〇〇	八	一,〇〇〇	八,〇〇〇	一〇,二六〇
一〇	一	二,〇〇〇	一	二,〇〇〇	三〇	一,八〇〇	二	八〇〇	一五	仝	一五,〇〇〇	二一,六〇〇
一一	一	二,〇〇〇	一	二,〇〇〇	四〇	二,四〇〇	三	一,二〇〇	二〇	仝	二〇,〇〇〇	二七,六〇〇
一二	無	無	一	二,〇〇〇	五〇	三,〇〇〇	四	一,六〇〇	二五	仝	二五,〇〇〇	三一,六〇〇
一三	一	二,〇〇〇	二	四,〇〇〇	七〇	四,二〇〇	五	二,〇〇〇	三五	仝	三五,〇〇〇	四七,二〇〇
一四	無	無	三	七,〇〇〇	一一〇	六,六〇〇	七	二,八〇〇	五五	一,七〇〇	九三,五〇〇	一〇九,九〇〇
共	三	六,〇〇〇	九	一七,三〇〇	三二六	一九,五六〇	二二	八,八〇〇	一五八		一九六,五〇〇	二四八,一六〇
第九道支渠至黑河調查費												三,七八〇
幹渠尾退水渠?												六,五〇〇
幹渠背排洩山水口四個及二虎營子添改閘門												八,六〇〇
共計洋												二六七,〇四〇

以上工程所慮者。測量費時。工人難僱。橋閘工匠。尤感缺乏。而工作時期。復因氣候所限。約於二十四年年底。始得全部告竣。至各段子渠與分水渠。以現在農村經濟狀況

而言。若勿予以相當援助。更難期其自動的完成。

四、招募工人之辦法

民生渠幹支各渠。上年被雨沖淤。已如上述。當時因經費所限。致由渠口至第三支渠口一段之幹渠。及第六、七、八、支渠南段之渠道。仍未疏濬。此項工程。大部爲泥水工作。本地工人。不慣於水。對此工作。咸畏避之。强迫爲之。恐生事端。且春季挖渠之際。卽爲農忙之時。修理渠道。固爲本會之急務。而開挖子渠及分水渠。亦爲農村切身之工作。茲爲工程進行計。擬定本地工人有願應募者。先行盡量收容外。另由本會函請綏省府。向河北山東等省。被災區域。招募壯丁五百名。由鐵道部掛車免費運薩。分組工作。工程完畢後。有願自謀生活者遣散之。其願回籍者。仍於秋後掛車送回原籍。如此則本會工程。得以進行。農村工作。得以不悞。而一般災民。亦得以生活焉。誠一舉而三得也。

五、工程進行之程序

自二月一日至二月廿八日。爲預備時期。一面購置應用材料。一面訓練中下級工程人員。訓練完畢。考試合格者試用。其不及格者遣散之。

自三月一日起爲測量時期。全體工程人員。出發測量渠背與地形。

自四月十五日起。在九道支渠以東。繼續測量。九道支渠以西。則開工修補渠背。五月十五日起。疏挖幹支各渠淤泥。修補與延長黃河堤岸及建築。九道支渠以西閘門山水口等工程。

自八月一日起。開挖第九及第十四兩道支渠。如招工及天時不發生問題與影響。上述工程預計。可於十一月中全部告竣。至第十、十一、十二、十三等支渠之開挖。則須待民國二十四年舉辦矣。

六、來年工程費之分配

來年工程費。計修理費洋玖萬柒千玖百陸拾元。新建築費。（計第九第十四兩支渠退水渠及山水口等。）共計洋拾叁萬伍千貳百陸拾元。測量費。洋叁千柒百捌拾元。共計貳拾叁萬柒千元。茲按工程計畫。分配如左。

工程＼月份	二月	三月	四月	五月	六月	七月	八月	九月	十月	十一月	共
測量費	無	七五六	七五六	七五六	七五六	七五六	無	無	無	無	三，七八〇
修理工程	一五，〇〇〇	一〇，〇〇〇	一〇，〇〇〇	二五，〇〇〇	二〇，〇〇〇	一七，九六〇	無	無	無	無	九七，九六〇
新築工程	四，〇〇〇	二，〇〇〇	無	無	九，二六〇	一〇，〇〇〇	一〇，〇〇〇	四〇，〇〇〇	四〇，〇〇〇	二〇，〇〇〇	一三五，二六〇
共	一九，〇〇〇	一二，七五六	一〇，七五六	二五，七五六	三〇，〇一六	二八，七一六	一〇，〇〇〇	四〇，〇〇〇	四〇，〇〇〇	二〇，〇〇〇	二三七，〇〇〇

農務

引言

民生渠之工程，以開挖幹渠支渠，及建築橋閘為限，至子渠及分水渠，則由各村農民自行開挖，所有未完工程之經費，原擬由渠捐內撥用，至經常費及歸還積欠，則取之於水租，惟薩縣自民國十六年旱荒以來，原氣未復，前去二年，復以穀賤傷農之故，得不償失，本年雨水過量、田禾被淹，全縣三分之二，籽粒無收，加以地方捐稅之輸將，軍差糧草之供應，鄉間重利之盤剝，種種榨取，日益加劇，農村破產，已至不可收拾地步，謀生尚且不得，焉有餘力，開挖子渠與應付渠捐耶，夫子渠不挖，渠水不能上地，即或勉强澆水，而農村困苦，水租恐亦無法徵收，則影響於本會之經費，自在意中，顧本會賴農村以存，而農村亦有賴於本會之援助，自當與農村合作，而謀共同之發展，是以本會之農事工作，並非為一種無關痛癢之事，實與自身有密切之關係也，今將本會對於農事工作之目標，及進行之方法，略誌於左。

農事工作之目標與方法

薩縣土地肥沃，生活簡單，衣食住之問題，尚易解決，惟地屬寒區，每年僅數月之農作，因此人民懶惰成性，暮氣已深，間有耐苦者，亦無力興奮，溯自民國成立以來，政局未定，軍事影響，匪氛時起，災旱頻仍，居民逃亡，不可勝計，目前地方，雖稱平靖，而謀生則感困難，本會既與農村有密切之關係，應即喚起農民自助之精神，然後指導其生產之方法，同時研究各種作物之適合，與農具之改良，並提倡製造原料之種植，與工業之發展，使其增加利益，並免坐耗光陰也，

一、農村調查　本會擬將民生渠灌域內之農村，隨時派員詳細調查，以資聯絡，且使其明瞭本會除辦理水利事宜外，並以服務社會爲職責，總期感情融洽，眞相易明，於農事工作，有所依據而謀解決之方，現自第五支渠至第十一支渠間，初步調查，業已完竣，至第十一支渠以下之農村，自二十三年起，仍須繼續調查，將來每三年調查一次，以資比較，而利進行，今將二十二年初步調查之統計表列後

農村户數統計表

中華民國二十二年農村調查統計第一表

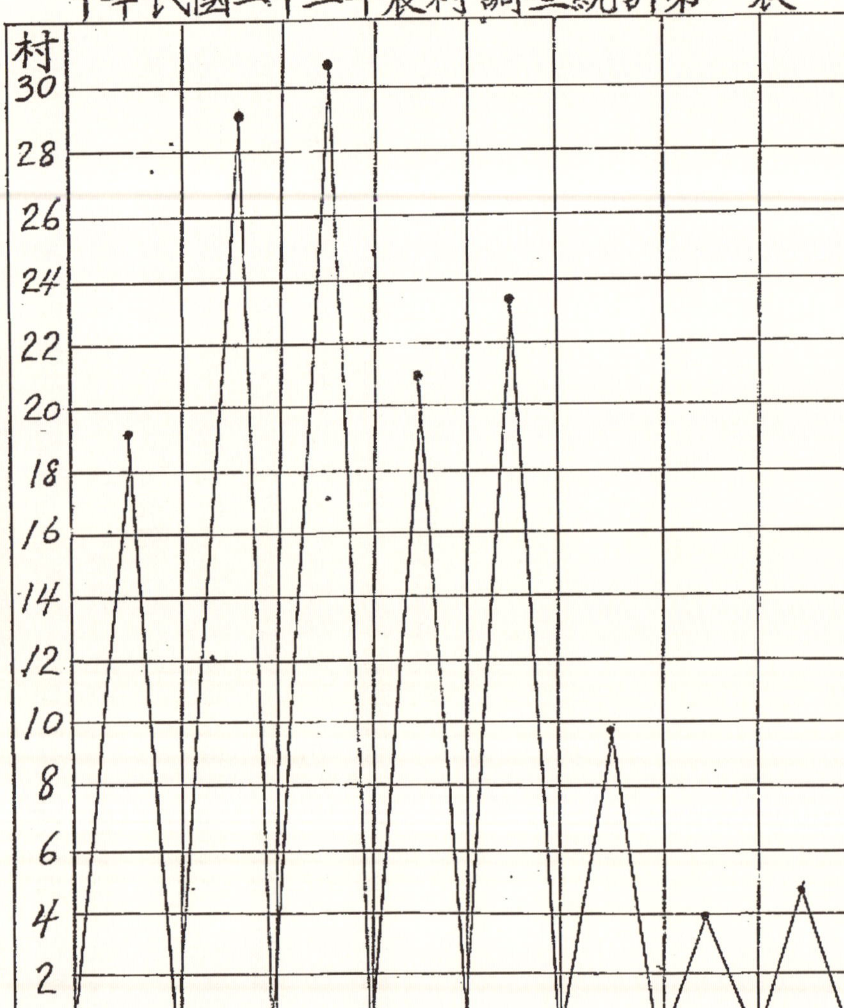

類	1-5	6-10	11-20	21-30	31-50	51-80	81-100	101以上
村	19	29	31	21	24	10	4	5
%	13.3	20.3	21.7	14.7	16.8	7.0	2.8	3.4

備考—共計一四三村一户者有二村二百户以上者一村

調查區域：一由民生渠第五支渠至第十一支渠範圍内

農户住蔭年期統計表

中華民國二十二年農村調查統計第二表

備考—該區域内人民多由山西移來故有此項調查

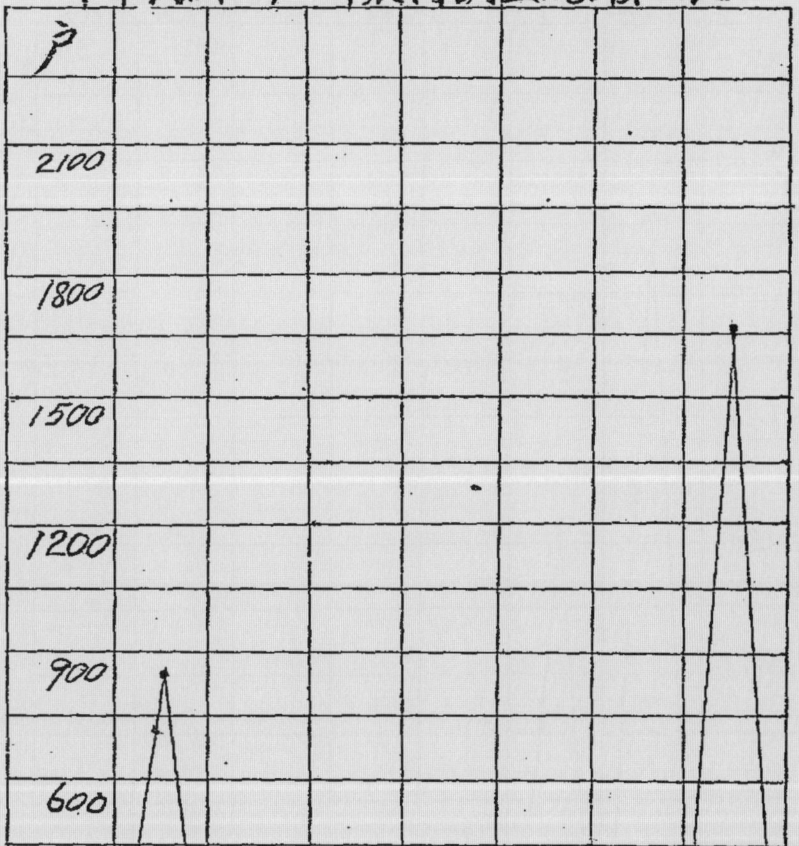

年别	10年以下	11-20年	21-30年	31-40年	41-50年	51-60年	60年以上
户數	881	382	392	289	316	217	1656
%	21.5	9.2	9.5	7.0	7.6	5.2	40.0

調查區域:一由民生渠第五支渠至第十一支渠範圍内

農戶人口統計表

中華民國二十二年農村調查統計第三表

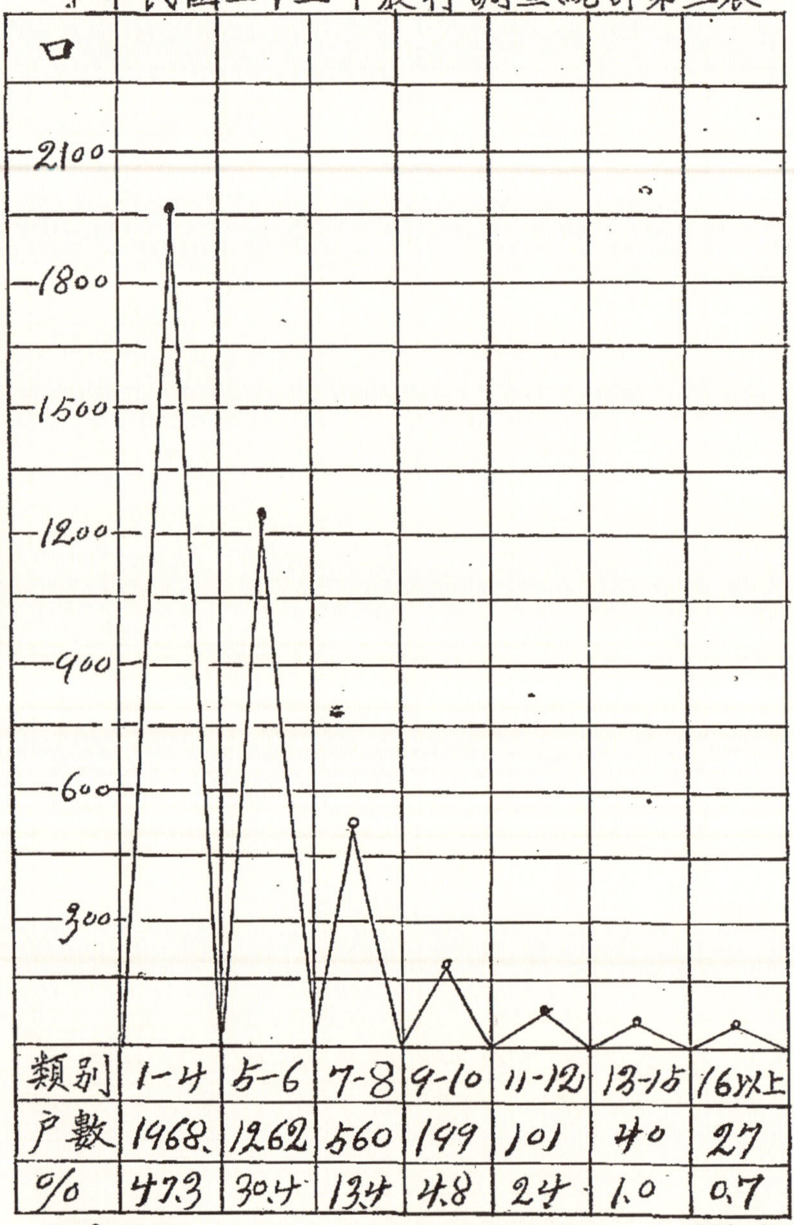

類別	1-4	5-6	7-8	9-10	11-12	13-15	16以上
戶數	1968	1262	560	199	101	40	27
%	47.3	30.4	13.4	4.8	2.4	1.0	0.7

備考—共戶四一五七 人口二一四〇〇 總均每戶五.一口强

調查區域：—由民生渠第五支渠至第十一支渠範圍内

農村人口統計表

中華民國二十二年農村調查統計第四表

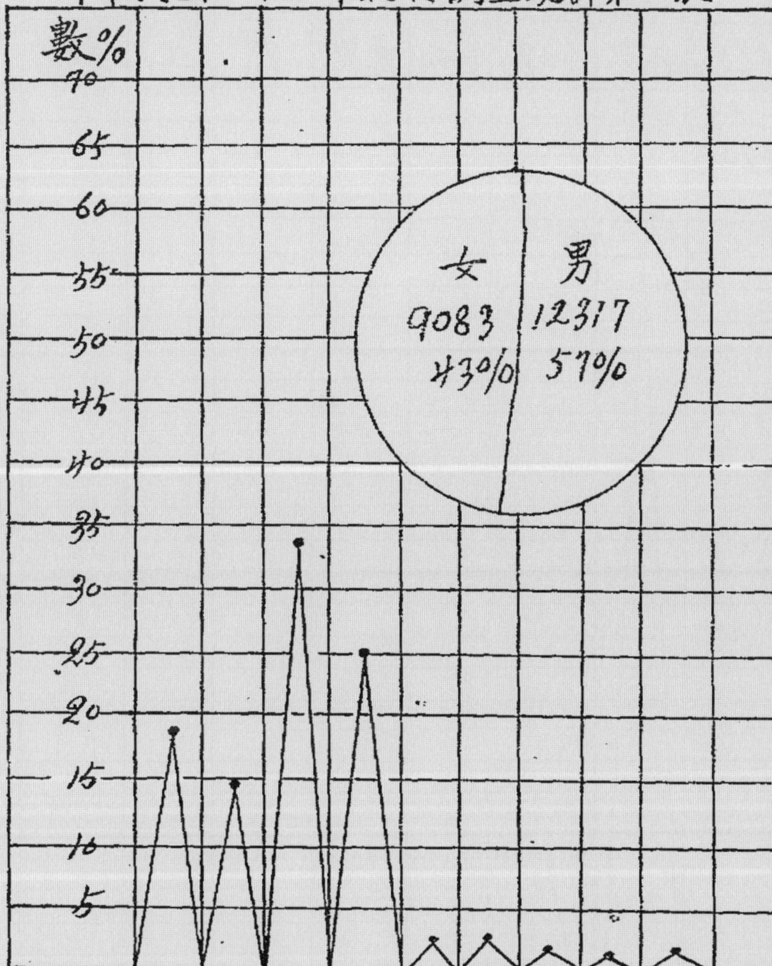

歲別	十六歲以下		十六至六十歲		六十歲以上		殘廢		工役	
性別	男	女	男	女	男	女	男	女	男	女
數別	4125	3183	7386	5430	409	450	64	20	333	0
%	19.3	14.9	34.5	25.4	1.9	2.1	0.3	0.1	1.5	0.0

備考—總數人口二一四〇〇 識字者七二五約3% 吸鴉片者六九六約3%

調查區域：—由民生渠第五支渠至第十一支渠範圍内

村民職業統計表

中華民國二十二年農村調查統計第五表

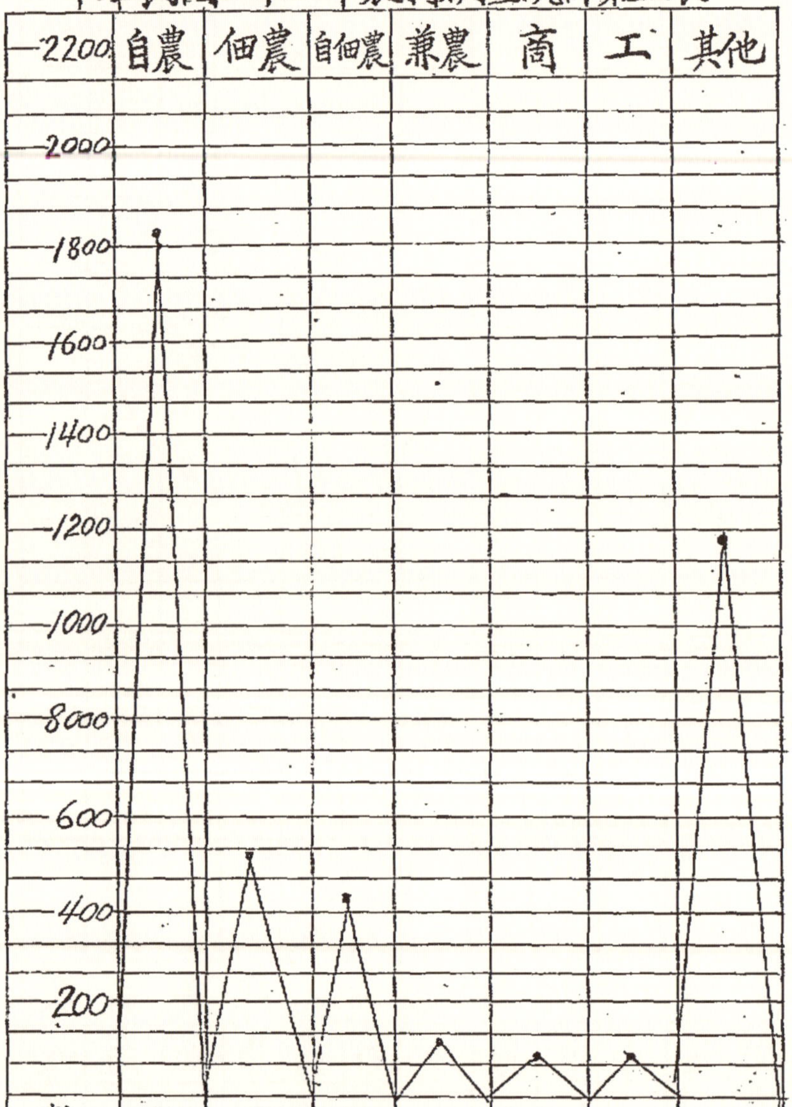

	自農	佃農	自佃農	兼農	商	工	其他
數	1820	498	449	91	40	42	1202
%	43.9	12.0	10.8	2.2	1.0	1.0	29.0

備考—總數四一四二户

調查區域:—由民生渠第五支渠至第十一支渠範圍内

農户地畝統計表

中華民國二十二年農村調查統計第六表

備考——共户四一三三

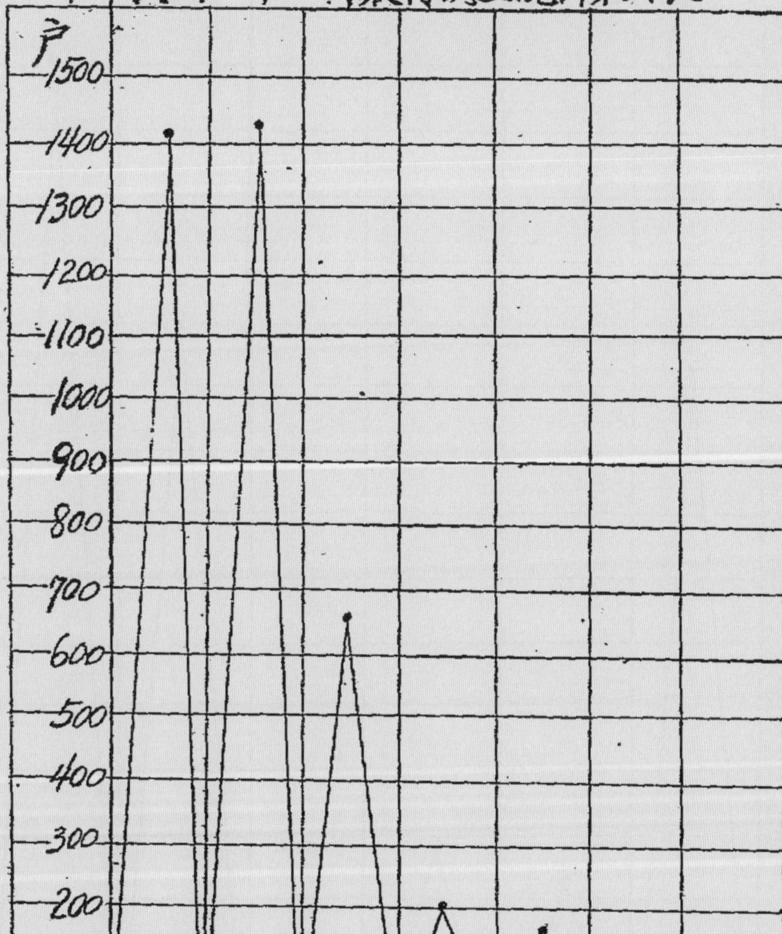

類別(畝)	無地者	1-50	51-100	101-150	151-200	201-300	301以上
户數	1410	1414	660	206	177	102	164
%	34.1	34.2	16.0	5.0	4.2	2.5	4.0

調查區域：——由民生渠第五支渠至第十支渠範圍内

農村家畜統計表

中華民國二十二年農村調查統計第〤表

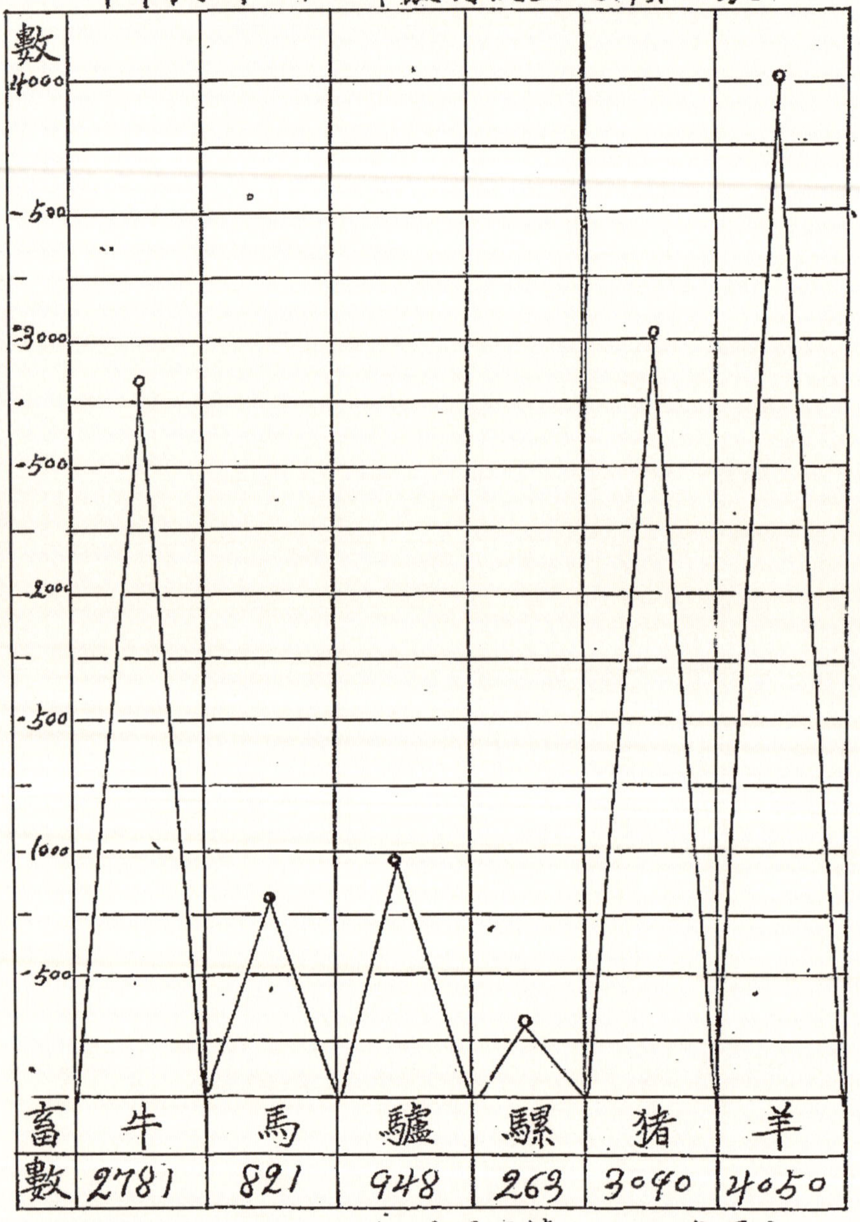

畜	牛	馬	驢	騾	猪	羊
數	2781	821	948	263	3040	4050

備考—

調查區域：一由民生渠第五支渠至第一支渠範圍內

農村資産統計表

中華民國二十二年農村調查統計第八表

備考——共銀數八六九·九九七元

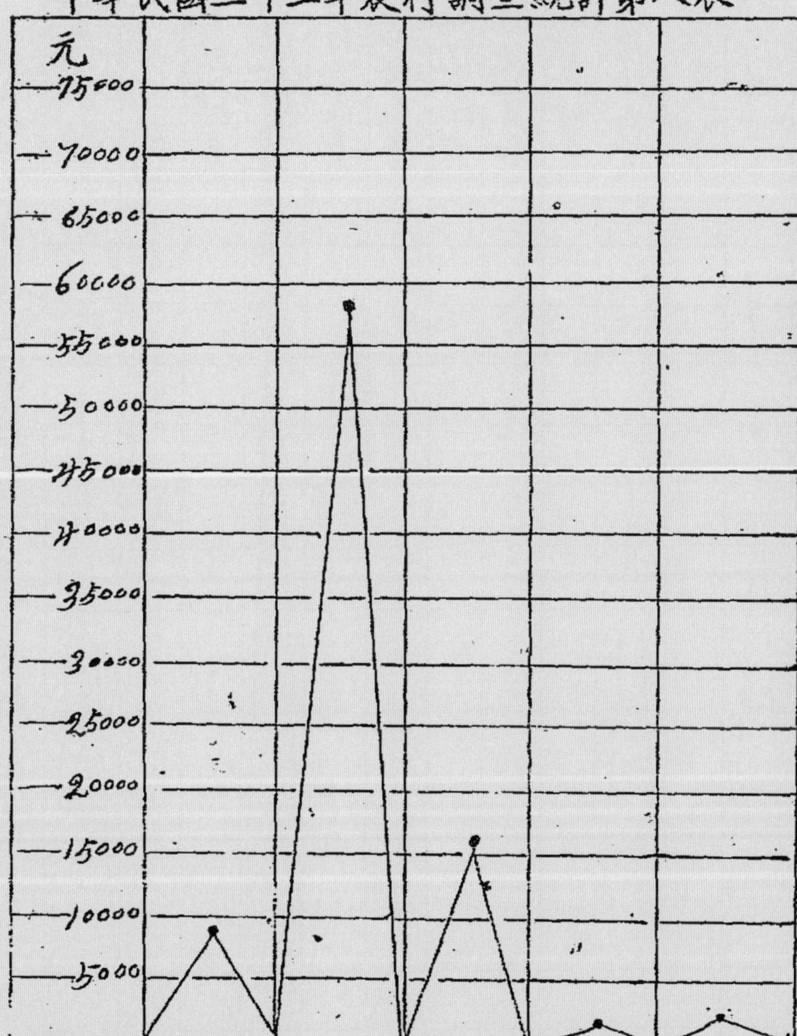

類別	房産	田地	家畜	農具	車輛
銀圓	97,337	574,803	162,959	11,882	18,016
%	11.2	66.7	18.7	1.4	2.0

調查區域——由民生渠第五支渠至第十支渠範圍内

農村捐稅統計表

中華民國二十二年農村調查統計第九表

項目	鄉公所辦公費	區公所辦公費	差役招待費	縣黨部費	縣教育費	縣建設費	縣公安局費	縣保衛團費	鄉民團費	軍差代辦費	印花	官租

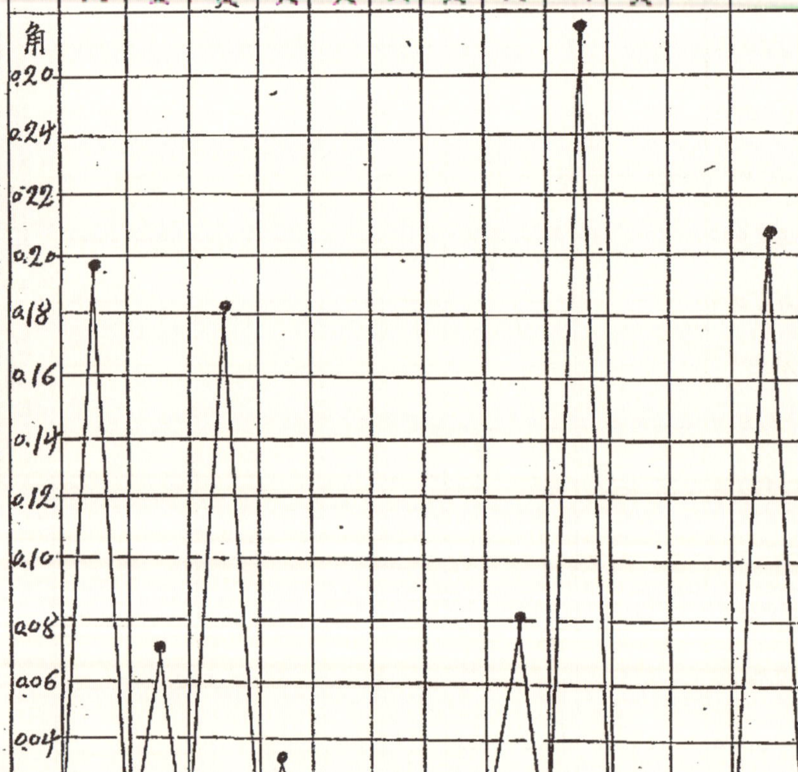

每畝銀元	0.194	0.071	0.180	0.032	0.013	0.024	0.020	0.084	0.270	0.022	0.014	0.210
調查村數	43	46	42	22	5	46	45	46	47	46	42	46
%	17.1	6.3	15.9	2.1	1.1	2.1	1.8	7.4	23.8	2.0	1.2	18.4

調查區域：一由民生渠第五支渠至第十一支渠範圍内

備考——
（一）共計捐税名稱二十一種，未列入者已分别歸入有關係項内，如學校費歸鄉公所費内，苗圃歸建設費内
（二）上列銀數以每畝計（由調查鄉平均而得）
（三）各村簿記甚不劃一，統計頗不易，上列比列不過大概而已

農田每畝捐稅統計表

中華民國二十二年農村調查統計第十表

備考——共村數一四四

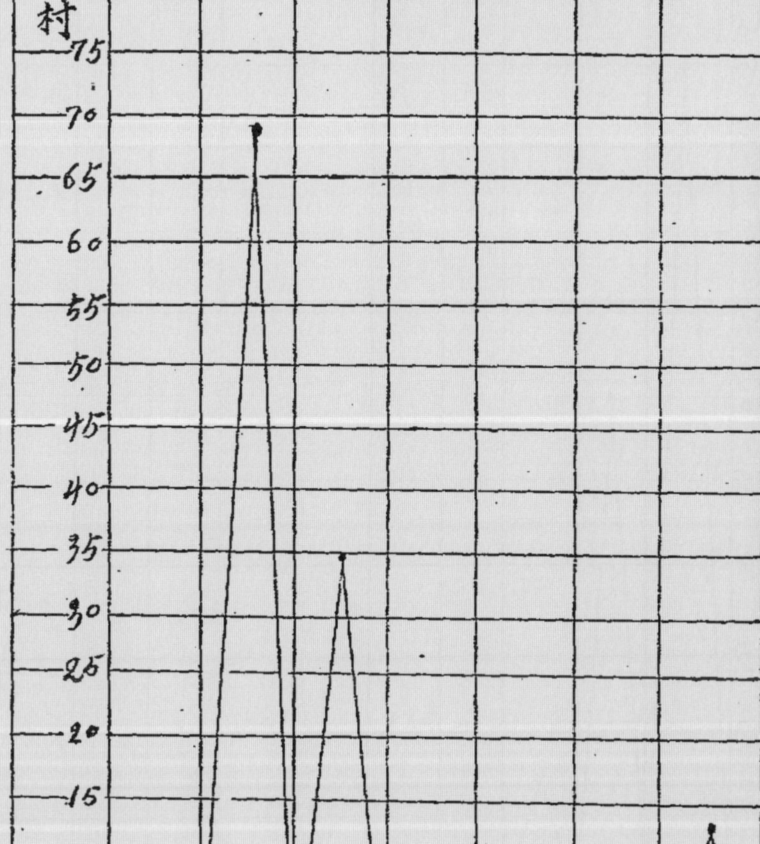

類別	4分以下	5-8分	9-12分	13-16分	17-20分	20-24分	25分以上
數別	5	68	35	10	8	5	13
%	3.5	47.2	24.3	7.0	5.5	3.5	9.0

調查區域：一由民生渠第五支渠至第十一支渠範圍內

綏遠省民生渠水利公會第一年工作報告附計畫 四八

田地每畝歲出統計表

中華民國二十二年農村調查統計第十一表

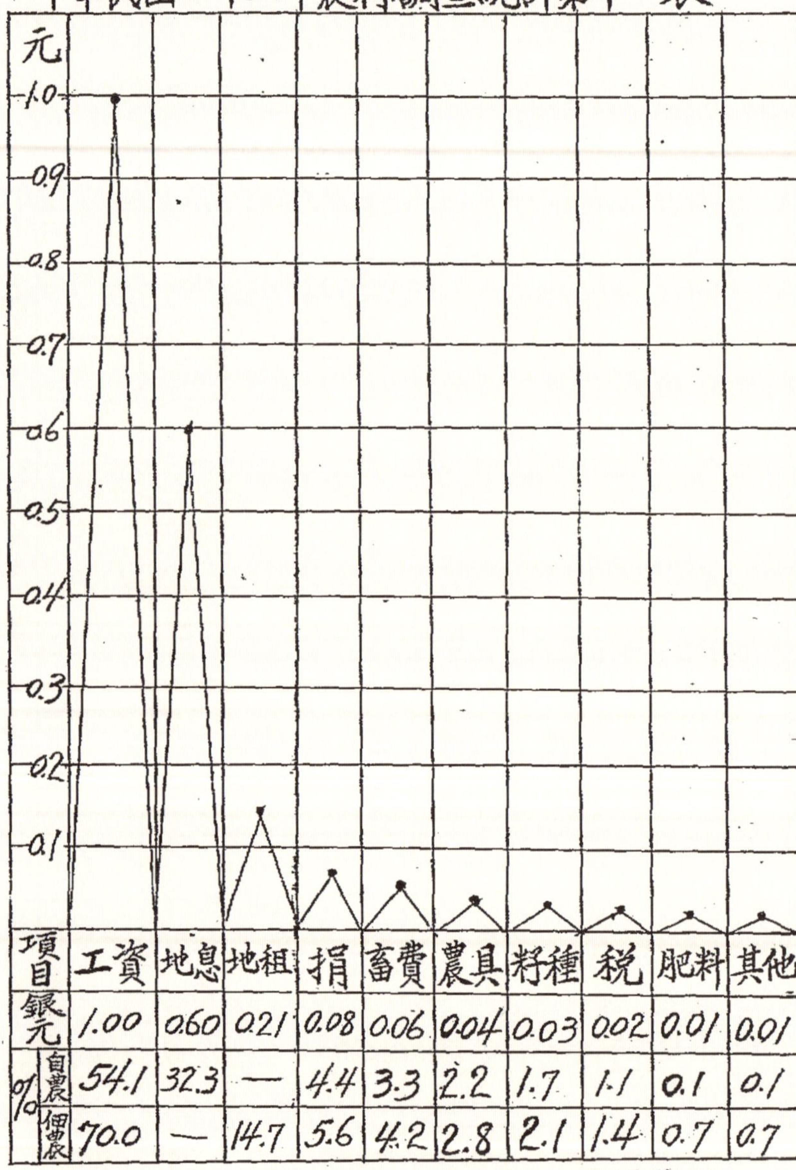

項目		工資	地息	地租	捐	畜費	農具	籽種	稅	肥料	其他
銀元		1.00	0.60	0.21	0.08	0.06	0.04	0.03	0.02	0.01	0.01
%	自農	54.1	32.3	—	4.4	3.3	2.2	1.7	1.1	0.1	0.1
	佃農	70.0	—	14.7	5.6	4.2	2.8	2.1	1.4	0.7	0.7

調查區域：一由民生渠第五支渠至第十一支渠範圍內

備考：左數係由一四四村調查後平均所得
佃農共一·四六元
自農共一·八五元

作物面積統計表

中華民國二十二年農村調查統計第十二表

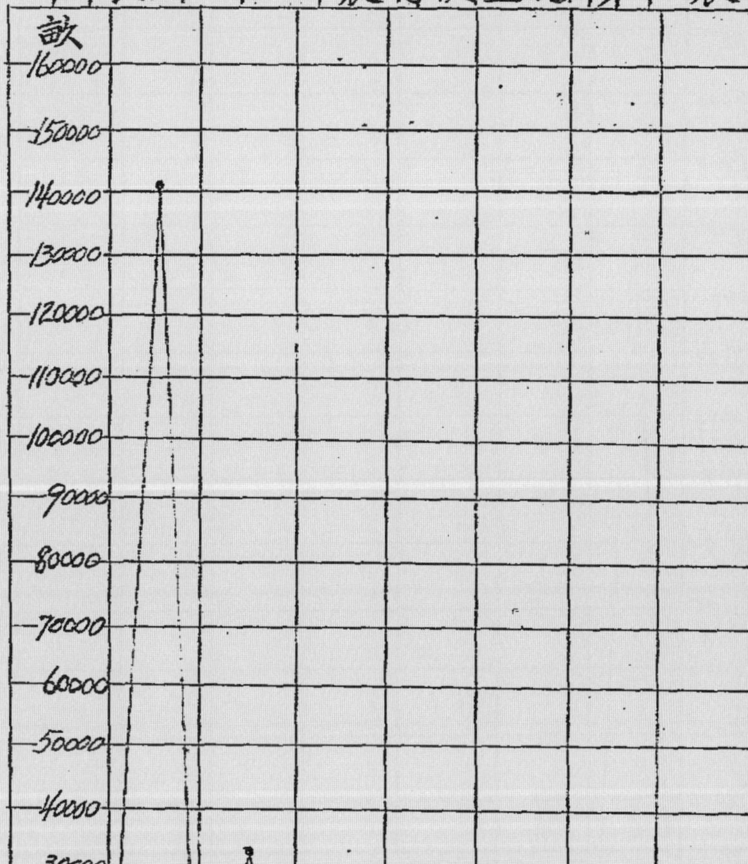

類別	穈(糜)	高粱	粟(谷)	馬鈴薯	大麻	黑豆	其他
畝	140.484	33.985	10.278	11.796	15.063	11.112	6.298
%	61.4	1.49	4.5	5.2	6.5	4.8	2.7

調查區域：一由民生渠第五支渠至第十一支渠範圍內

備考——
(一)其他項包括亞麻玉蜀黍燕麥等九項
(二)共佔面積二二九〇一六畝

作物收穫統計表

中華民國二十二年農村調查統計第十三表

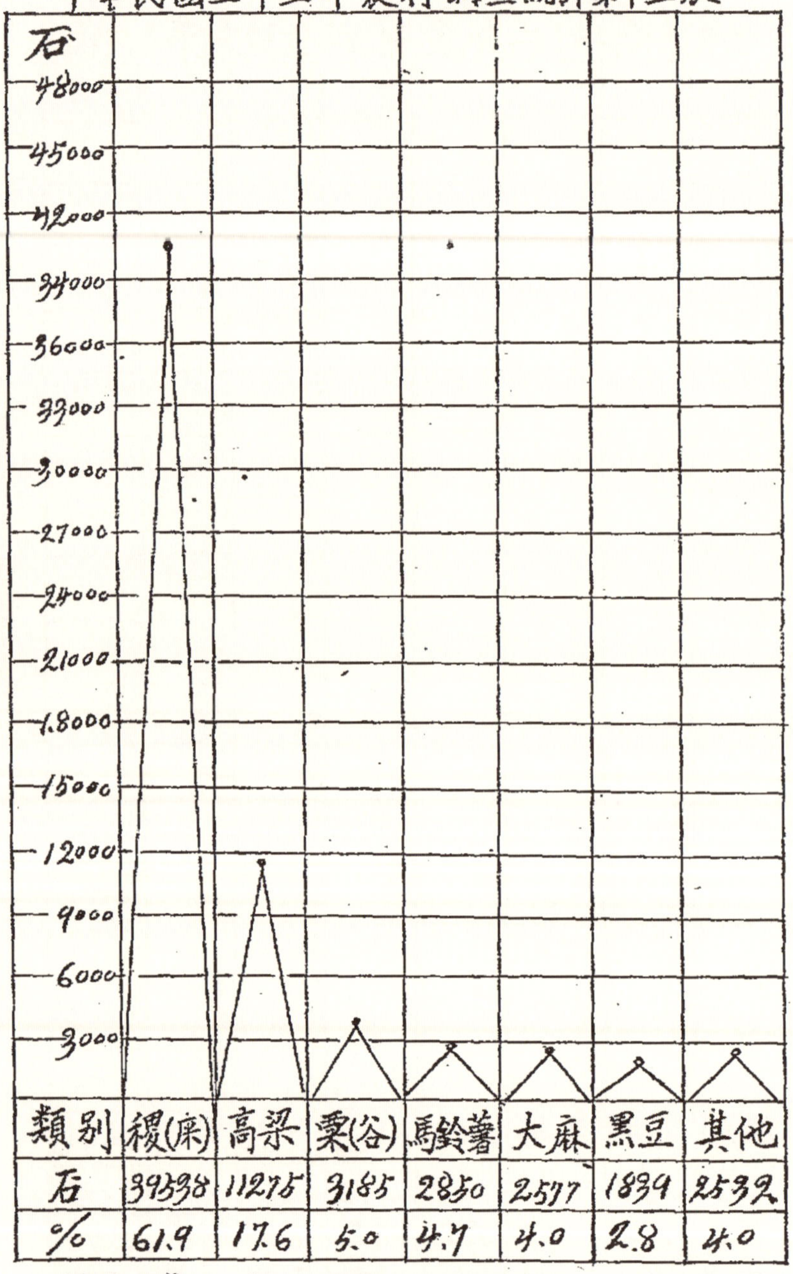

類別	穄(糜)	高梁	粟(谷)	馬鈴薯	大麻	黑豆	其他
石	39538	11275	3185	2850	2577	1839	2532
%	61.9	17.6	5.0	4.7	4.0	2.8	4.0

調查區域：一由民生渠第五支渠至第十一支渠範圍內

備考——
(一)其他項包括燕麥亞麻黍扁豆等九種
(二)共計收穫六三七九六石

農村利息(月)統計表

中華民國二十二年農村調查統計第十四表

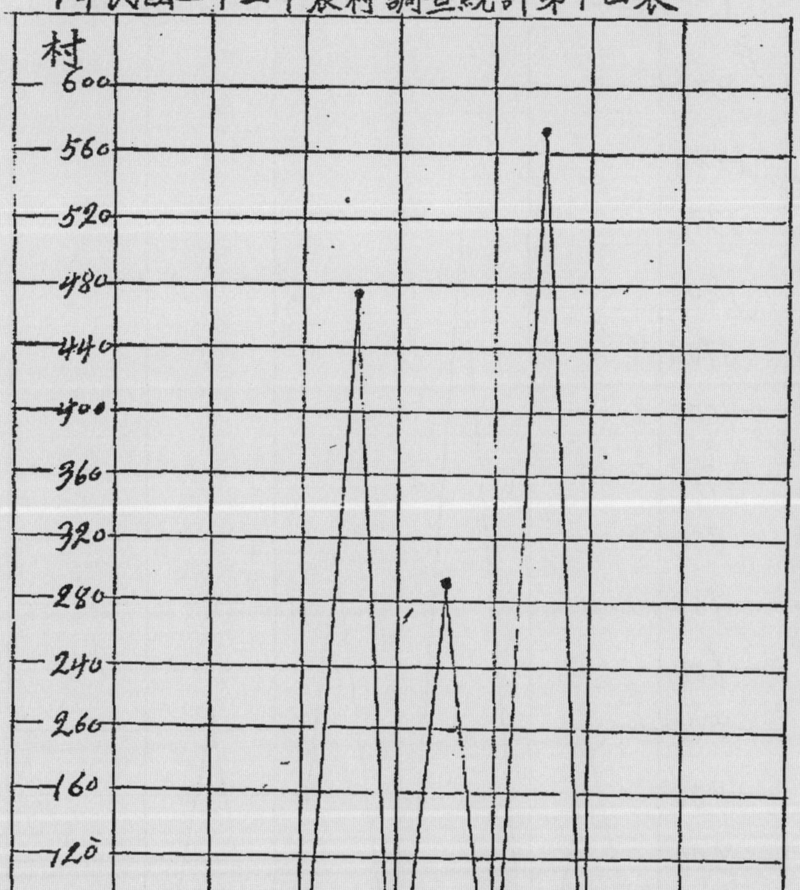

類別	二分以下	二至三分	三至四分	四至五分	五至六分	七至八分	八分以上
村數	1	47	478	293	579	36	76
%	0.07	3.1	31.7	19.4	38.4	2.3	5.0

調查區域:—由民生渠第五支渠至第十一支渠範圍内

備考—村數一五一

農民種地困難統計表

中華民國二十二年農村調查統計第十五表

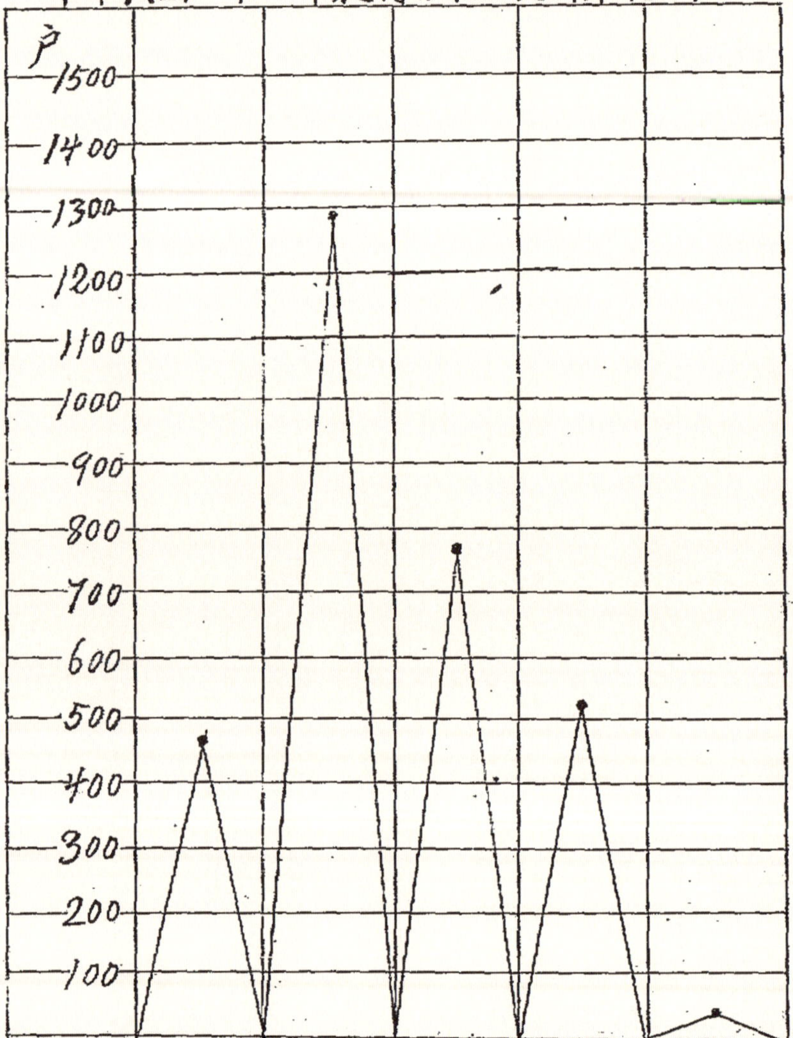

類别	無人	無錢	無地	無牛	無利
户數	473	1295	778	538	25
%	15.3	41.7	25.0	17.4	0.8

調查區域：由民生渠第五支渠至十一支渠範圍內

備考——户數共計三一〇九

農村旱災統計表

中華民國二十二年農村調查統計第十六表

備考——村數共一四四。

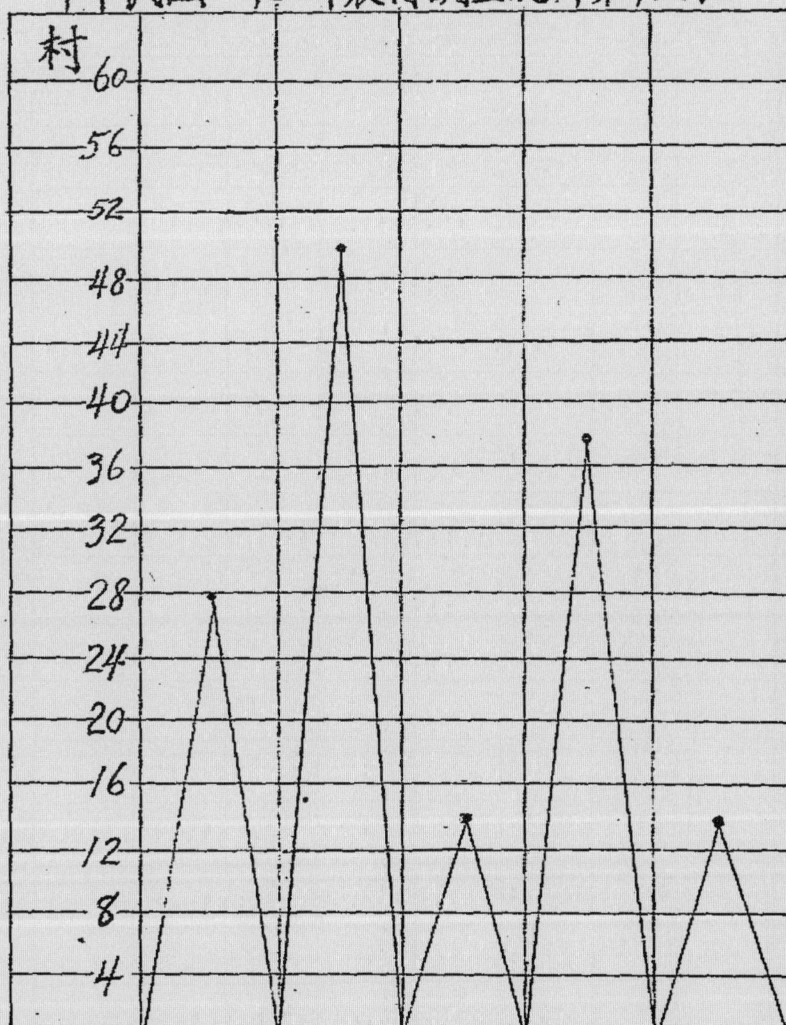

類別	三年以下	四至六年	七至九年	十年以上	不詳
村數	28	50	14	38	14
%	19.5	34.7	9.7	26.4	9.7

調查區域：一由民生渠第五支渠至第十一支渠範圍內

農民希望統計表

中華民國二十二年農村調查統計第十七表

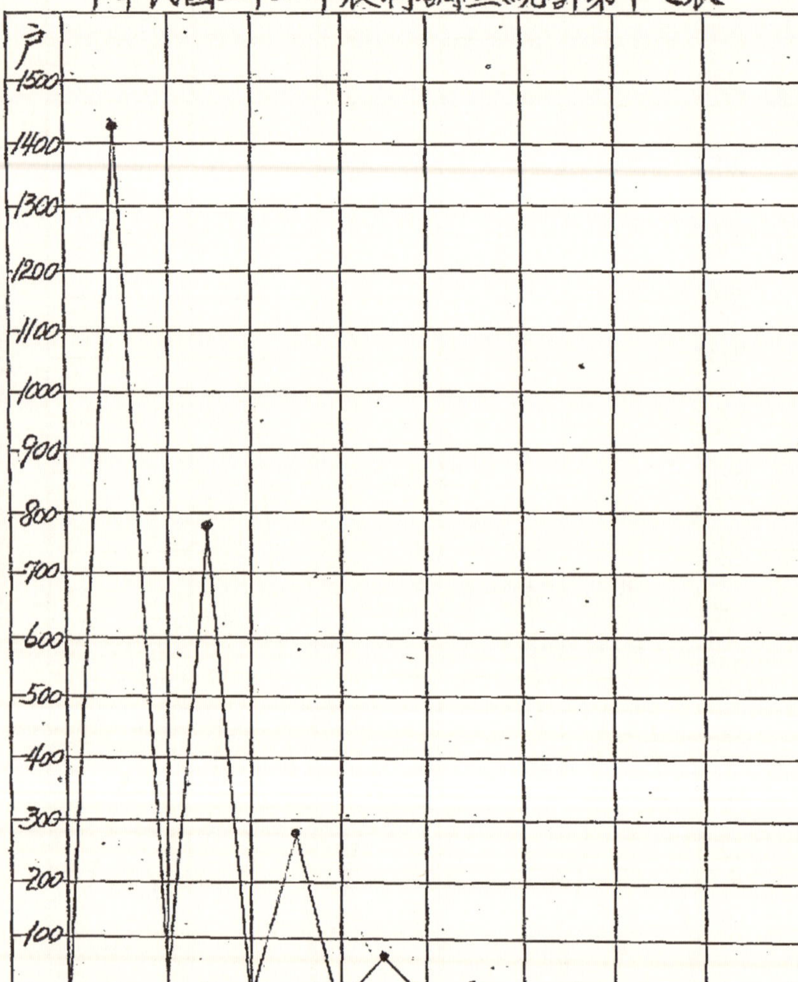

項	借錢	借牲畜	開子渠	借籽種	租地	減稅	借農具	帮平地
户	1425	783	286	83	20	2	1	1
%	54.8	30.1	11.0	3.2	0.80	0.08	0.04	0.04

備考——總數二五九九

調查區域：一由民生渠第五支渠至第十一支渠範圍内

荒熟地價統計表

中華民國二十二年農村調查統計第十八表

備考—表中數字以農戶百分比例計

熟地—
荒地----

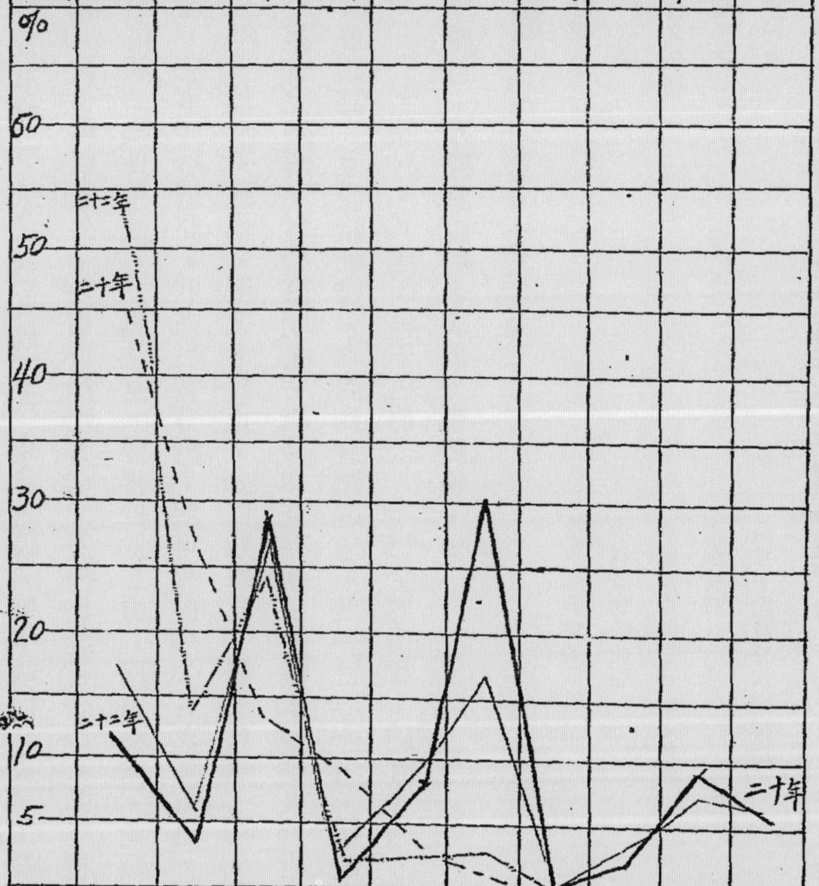

類別		5角以下	0.6-0.8	0.9-1.1	1.2-1.4	1.5-1.7	1.8-2.0	2.1-2.3	2.4-2.6	2.7-3.0	3.1以上
二十年	熟	17.3	5.4	27.5	3.5	9.0	18.7	0.6	3.9	7.7	6.4
	荒	45.6	26.1	13.0	9.4	4.3	1.6	0.0	0.0	0.0	0.0
二十二年	熟	11.2	3.6	28.5	1.1	7.4	30.8	0.4	2.9	8.2	5.9
	荒	54.4	12.8	24.5	1.9	2.7	2.9	0.6	0.4	0.2	0.2

調查區域：一由民生渠第五支渠至第十一支渠範圍內

二、農事講習會　本會爲提倡農事起見，特開農事講習會，令民生渠灌漑區域內，各村推舉代表，（小村一人大村二人或三人）來會聽講，每年舉行一次，在講習期間，除解釋本會組織，及各種章則外，並指導澆水方法，及提倡農村合作，與農村衛生等問題，至對於農村復興，改良生產，尤爲注意，俾得自食其力，藉以聯絡，免除隔膜，本年爲第一次舉辦，諸事因陋就簡，將來民智日開，庶可收農事改良之實效也，第一屆講習會，自二十三年一月十一日起，至三十日止，分四期舉行，每五日爲一期，凡聽講員始終其事者，於演講完畢時，發給証明書一紙，以便存執，並請本縣縣長建設局局長及農會會長等，蒞會訓話，及發給証書，本屆到會聽講者，共一百零一名，授証書者九十一名，計代表一百二十餘村，其他因事半途而去，未完全聽講者，約計十人，今將本年農事講習會所講題目，及聽講員村名人數列表於後，

講題（除講題外每日並公開討論）

宣布應守規則
民生渠的來歷
水利公會之任務
全渠建築物之管理
籽種貸款辦法

招集講習會的意義
水利公會的組織
水社及水社聯合會之組織
用水規則
開挖子渠及分水渠辦法

捕魚規則
爲什麽要澆水
澆水的方法
薩縣爲什麽緣故窮呢
什麽是農村合作
渠道做法
應怎樣預備澆水的田地
放水後應做什麽
怎樣解決這窮的問題
農村衛生

聽講員村名一覽

主村名稱	人數	姓名
七座茅庵	二	張三 馬蘭雲
陳家葫蘆頭	二	溫宏耀 劉生榮
五犋牛窰子	三	田良玉 張三明 周計才
廠素圐圙	二	陳立有 史子義
烏四營子	一	楊文哲
三格架村	二	高林 馮威世
王慶營子	一	陳志良
公蓋營子	一	張天財
杜守將營子	二	楊啓明 雷振英
趙家圪梁	一	趙誠
王大法營子	一	王灝

主村名稱	人數	姓名
沙街村	一	周得勝
發彥申	一	柳補才
趙四窰子	一	張保大
二十四頃地	三	閻富榮 劉淮 雒賢
黑訓營子	一	張富太
楊萬才地	一	杜春榮
范虎營子	一	張聚小
東什大股	一	馬玉海
銀匠窰子	一	李長厚
大喇嘛窰子	一	于謙遜
石老義營子	一	榮德忠

高財主營子	二	高　永　苗雨霖
竹拉慶村	一	趙煥章
苗六圐子	二	呂兆威　郝　六
西什大股	二	郝存林　賀鳳鳴
新村南莊	一	王根枝
小把拉蓋	一	郭喜成
雷家圪堆 張紅基營子 高三營子	一	雷文統
康四營子	二	李生華　李枝旺
高商人窰子	二	呂有威　王登雲
董家卜	二	王喜成　王務本
磴口	一	喬長保
西什泥橋	一	張文禮
東什泥橋	一	李樹楨
楊號卜	一	鄔　五
小廟營子	一	常玉廷
三間房	二	趙　璽　趙懷春
王老四營子	一	張　柱
廟營子	二	趙　高　靳如意
得勝營子	一	呂壽山
打色令	一	賈　玉
烏拉板申	一	王興隆
缸房營子	一	池明星
明沙淖	一	李敬三
南馬蓋圖	二	劉永仁　王嵩山
韓家葫蘆頭	一	韓　璽
小板召村 五家圐圙 牛五營子	一	田德成
張老五營子	一	段殿崗
三眼井	一	李　三
二座茅庵	一	王　澤
丹進營子	一	楊官保
王基營子	一	鄔　二
吳岔圪堆	一	吳占世
瓦不亥淖	一	樊鼎旺
木頭湖	一	王文仲

村名	人數	受證書者
南龐家營	一	龐明
毛倍村	三	李生富 程子良 朱國治
楡次營子	一	任雙貴
葛家營子	一	柳廣俊
侯家營子	一	張桐
白銀廠漢	一	張文泰
南壽陽營	一	任秉安
高全營子	一	李俊
定襄營子	一	左應璧
丁桂香營	一	王義
南二道河子	一	趙寬
張子淖村	一	趙得威
東八犋牛營村	一	呂茂昇
三道河子	一	杜湖
後荒地	一	楊貴

以上共計七十五主村受證書者九十一名

三、農事試驗 薩縣年來。既以農村破產。復形穀賤傷農。長此以往。咸視務農爲畏途。勢必棄而他就矣。按我國雖稱以農立國。而每年進口米麵。已達數萬萬元。區區民食。尙須仰給於人。漏卮何可勝計。再則我國工業。現始萌芽。失業游民。無法安置。就此兩點。前途誠不堪設想。似應於農事工作。急謀改善。以冀補救於將來也。本會爲促進薩縣農事起見。擬作下列之試驗。

（甲）品種試驗 薩縣農產。向以糜子爲大宗。（見農村調查第十二十三表）因其耐旱易藏。昔有內外蒙之大市場。需要廣遍。今外蒙交通斷絕。他省復無銷路。時虞過剩。若能改換他種作物。隨時運銷他省。縱乏厚利可圖。當無穀賤傷農之弊。本會試驗場。對於品種試驗。擬先從小麥黃豆稻子蠶豆苜蓿菓樹等着手。凡於本地氣候土地相宜者。

。逐漸推行於農村。以期改進。惟本年全場被水。故無結果。茲將上年品種試驗及樹苗試驗記載列後。

品種試驗記載

作物名稱	播種面積	播種播種量（斗）	整地 月	整地 日	播種期 月	播種期 日	發芽期 月	發芽期 日	出土期 月	出土期 日	中耕期 月	中耕期 日	備考
本地小麥	四・〇	〇・六	四	十五	四	十五	四	十八	四	廿五	六	十	行間寬窄各二畝比較
本地大麥	四・〇	〇・七	四	十五	四	十五	四	十七	四	廿四	六	十一	同前
美國黑麥	二・〇	〇・五	四	十六	四	十六	四	十九	四	廿六	六	十二	由綏遠購原犄盎麥
後套豌豆	三・〇	〇・三	四	十七	四	十九	四	廿四	五	八	六	十五	
本地扁豆	三・〇	〇・一	四	十七	四	十九	四	廿四	五	八	六	十四	
南方蠶豆	三・〇	〇・五	四	十七	四	十九	四	廿四	五	八			
本地小黃豆	三・〇	〇・一	四	廿四	五	五	五	十二	五	二十	六	十六	
本地大黃豆	三・〇	〇・一三	四	廿五	五	十五	五	廿二	五	三十	六	十七	本地稱黃碗豆
本地大黑豆	十二・〇	〇・一	四	廿三	五	四	五	十	五	十四	六	十六	本地稱黑碗豆
本地蠶豆	三・〇	〇・三			四	十八	四	廿八	五	三	六	十四	去年已行整地
本地大麻	二・〇	〇・〇五			五	三	五	十三	五	十八	六	十九	同前

本地胡麻	二·五	〇·〇八	四　十七	四　十八	四　廿八	五　四		本地稱脂麻五月三十日凍斃
本地亞麻	十三·〇	〇·一	五　一	五　二	五　七	五　十二	六　七	本地稱胡麻
本地高粱	十五·〇	〇·〇八	四　十七	五　六	五　十一	五　十八	六　廿一	
本地玉蜀黍	二·五	〇·二		四　十八	四　廿八	五　四	六　十五	去年已行耕地
本地黃粟	五·〇	〇·〇四		五　四	五　十	五　二十	六　十九	同前
武川蕓苔	十三·〇	〇·〇八	五　二	五　三	五　八	五　十三		受金花蟲害死竣
本地馬鈴薯	四·〇	六五·斤	五　四	五　四	五　廿四	六　四	六　二十	
河北定縣棉	三·〇		四　十七	五　五	五　十	五　十五		五月三日三十日兩次受凍死竣
河北苜蓿	三八·〇	〇·一	五　十	五　二十	五　廿八	六　二		
本地黃稷	九一·〇	〇·〇九	五　十九	六　六	六　十一	六　十八		
本地黃黍	二一·〇	〇·一	六　十	六　十二	六　十七	六　廿二		
本地燕麥	九二·〇		四　廿九	四　三十	五　五	五　十	六　十九	
山東甜菜	三·〇		五　十	五　十八	五　廿七	六　十		
統計　二四	三四三·五							
備註	以上品種試驗因山水及民生幹渠導來之黃河水於七月十日十三日十七日三次大水淹沒均備窒死無餘故中耕以下亦無記載焉							

樹苗試驗記載

樹名	栽種日期	栽種數目	栽種地點	除草次數	澆灌次數	秋季生活數	備考
楊	四月二十日	一〇六五	金家圪堵東三支渠內外旱台	一次	兩次	一八五株	夏季被水淹沒故生活數少
柳	四月二十日	四六六一	武勝公後幹渠內外旱台	兩次	兩次	二〇六〇株	夏季外旱台被水淹沒
柳	四月二十日	二一二一	毛菴西四支渠內外旱台	一次	兩次	九三〇株	夏季內外旱台均被水淹沒
柳	四月廿五日	五〇三八	啓明葫蘆頭東五支渠內外旱台	兩次	四次	一〇二〇株	夏季裏旱台被水淹沒
柳	四月廿七日	一九九五	八分子東六支渠內外旱台	一次	三次		夏季全被水淹生活者甚少
柳	四月廿九日	八九六一	什拉撥東七支渠內外旱台	兩次	三次	九〇〇株	夏季被水淹沒並被牲畜踏毀
柳	四月廿九日	三八二一	大沙尖南八支渠內外旱台	一次	三次	四六〇株	夏季被水淹沒並被牲畜踏毀
楡	六月九日	沿渠三十五里	幹渠六支渠各一段渠背頂	兩次	一次	約計五成	中有被雹災及牲畜車馬踏毀者
山桃	四月廿八日	二十二畝	丹進營子東本會試驗場	一次	無	被水淹沒	
中國槐	五月十八日	十四畝	同前	一次	無	同前	
側栢	五月十六日	五畝	同前	一次	無	同前	
銀杏	五月十六日	一畝半	同前	一次	無	同前	
楊	四月十六日	一畝半	同前	兩次	三次	同前	
楡		三十畝	沿渠村莊包種二十八處			約計五成	係村民包種除草以下記載缺

(乙)選種試驗　我國農家。除玉米之外。向無選種方法。故籽種複雜。品質粗劣。本會試驗。注重品質之純潔。以應需要。先由選穗着手。逐漸推廣。所有作物。以本地高粱莜麥糜子蕎麥胡麻穀子大麥豌豆大麻芸苔等爲主。擬自民國二十三年起。分別試種之。

(丙)經濟試驗　本會試驗場。擬指定區域。以科學方法。種植莊稼。所用籽種人工畜力一切開支。逐日登記。俟年終將所收糧食作价。合計收支。核算盈虧。考其得失。進謀改良。以備農村之採擇。

(丁)農具試驗　薩縣地廣人稀。工貴糧錢。經營地畝。若非用大農制。似難謀利。奈研究乏人。迄無進步。普通所用農具。仍由關內小農制者。傳習而來。蓋人烟稠密之區。地少人多。糧貴工錢。爲農者。不惜工之多寡。但求地能多產。有利可圖。而大農制。因所處地位不同。非改良農具。增加人工之效率。則產价不易降低。自難謀利。本會擬試造簡易農具。如有成績。逐漸推廣。以便各村仿造。其目的在求糧食產价之降低。而免種地者之虧賠也。本年業已製成耘耡二種。試謀改良。蓋以耡草爲農作最繁之手續。故先以此着手也。

四、農村服務　本年農村服務。係初次試辦。一切情形。不免隔膜。而農村方面。對於調查種種事項。亦不免多有避諱。惟一度調查之後。已有相當之明瞭。此次農事講習會之召集。更有充分之諒解。擬自二十三年起。作進一步之工作卽將全區共分四段。派員常川駐鄉。協助農民。組織水社及水社聯合會。開挖子渠及分水渠。以及指導灌溉。改良農事等分五期進行。茲將進行程序列表於左。

農村工作程序表

年期＼工作	調查農村	組織水社開挖子渠	籽種貸款指導農作	組織農村合作	提倡農村工業
民國二十三年	第十一道支渠至黑河	第五至第九支渠義和支渠	第九支渠與義和渠（一小部）	—	—
民國二十四年	第四道支渠以西	第九第十四與缸房營支渠	第五至第九與義和支渠	第九道與義和支渠	—
民國二十五年	—	第十至第十三支渠	第九第十四與缸房營支渠	第五至第九與義和支渠	第九與義和支渠
民國二十六年	—	—	第十至第十三支渠	第九第十四與缸房營支渠	第五至第九與義和支渠
民國二十七年	第五至第九與義和支渠	—	—	第十至第十三支渠	第九第十四與缸房營支渠
民國二十八年	第九至第十四與缸房營支渠	第四支渠以西	—	—	第十至第十三支渠
民國二十九年	—	—	第四支渠以西	第四支渠以西	—

註：農村工作之程序．以工程進行區域爲依據．全區共分四段．自第五至第九支渠及渠北義和渠爲第一段．第九至第十四支渠爲第二段．第十至第十三支渠爲第三段．第五支渠以西爲第四段．

五、氣象測驗　綏省地處偏僻。關於氣象一端。知者寥寥。且地處黃河上游於華北水利關係至巨。今爲使一般明瞭氣象起見。特備觀測儀器數具。逐日記載。按月分送國內各農事機關。互換報告。以資研究。茲將上年測驗統計。列表於後。

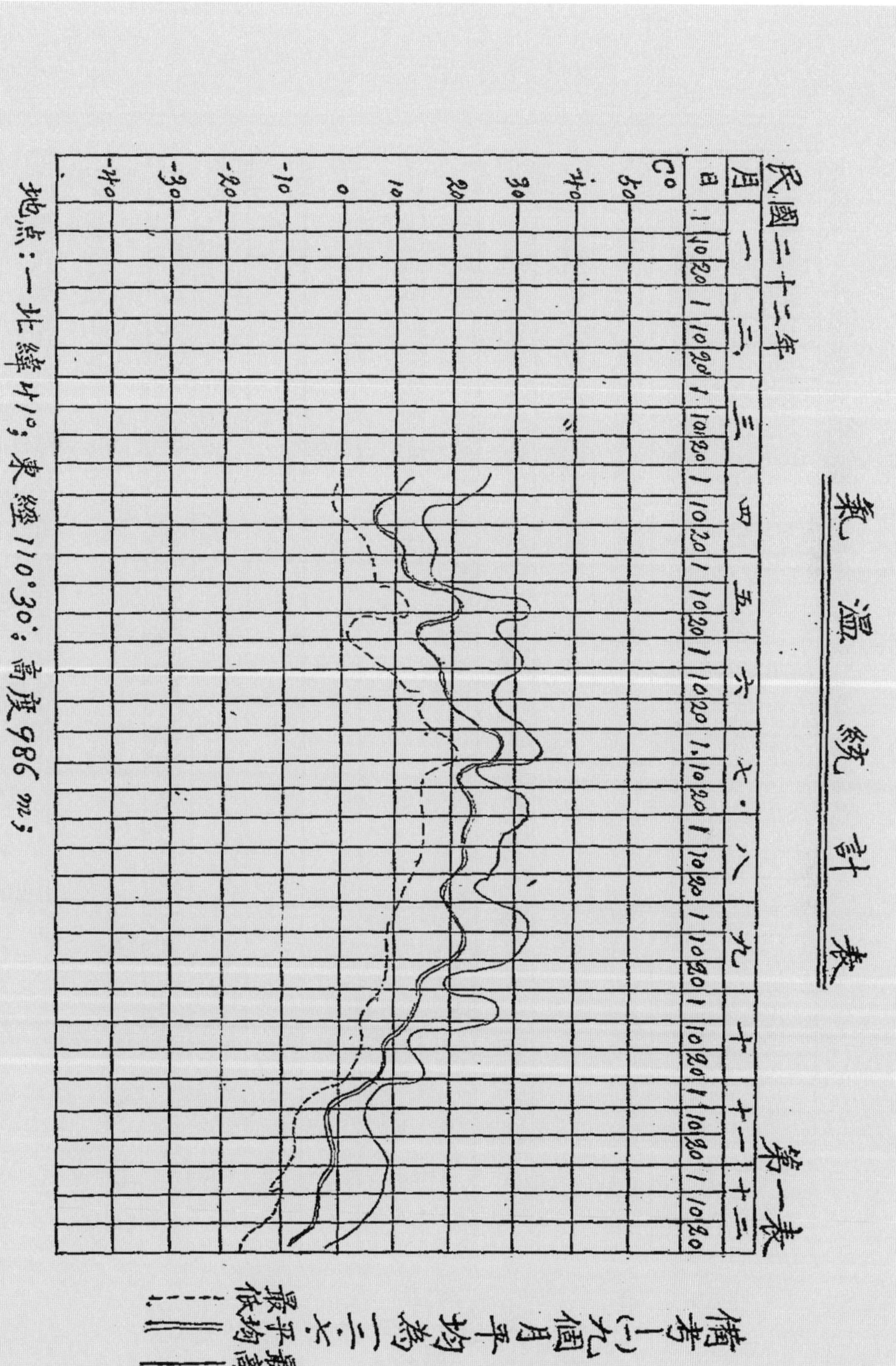

綏遠省民生渠水利公會第一年工作報告附計簽　　六七

氣壓統計表

民國二十二年　　第二表

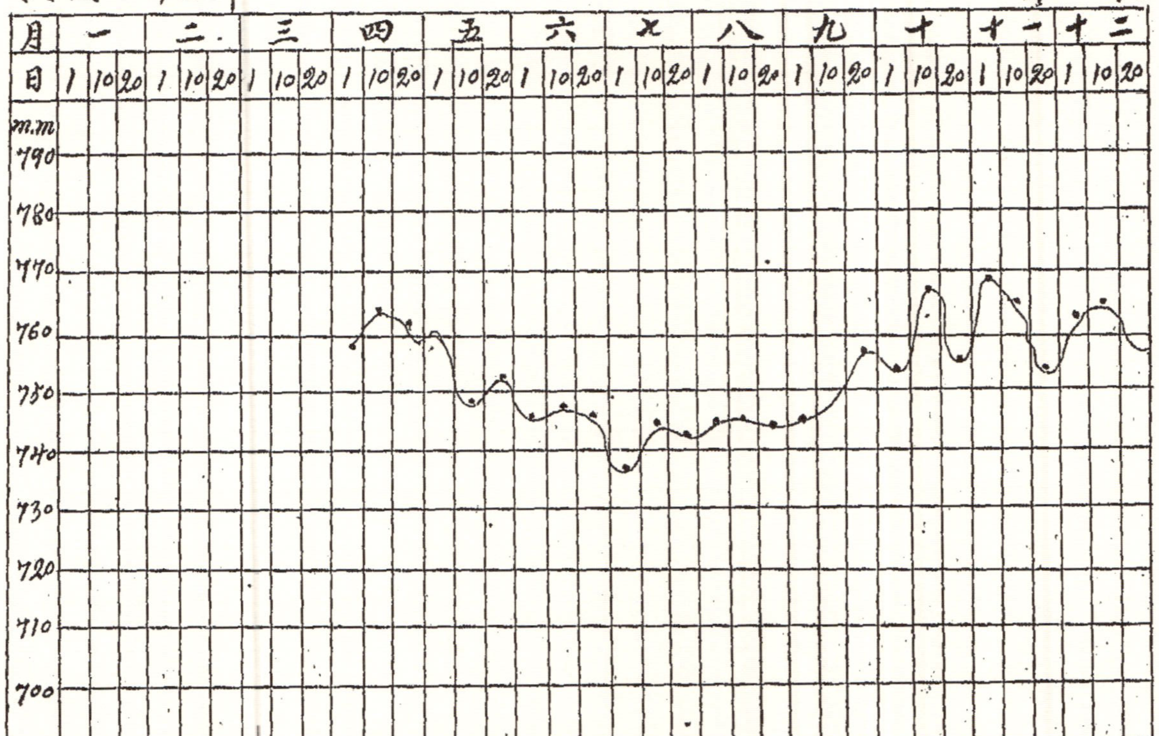

地点：一北緯 41°10′；東經 110°30′；高度 986 m；

備考一九個月平均爲七五二・八

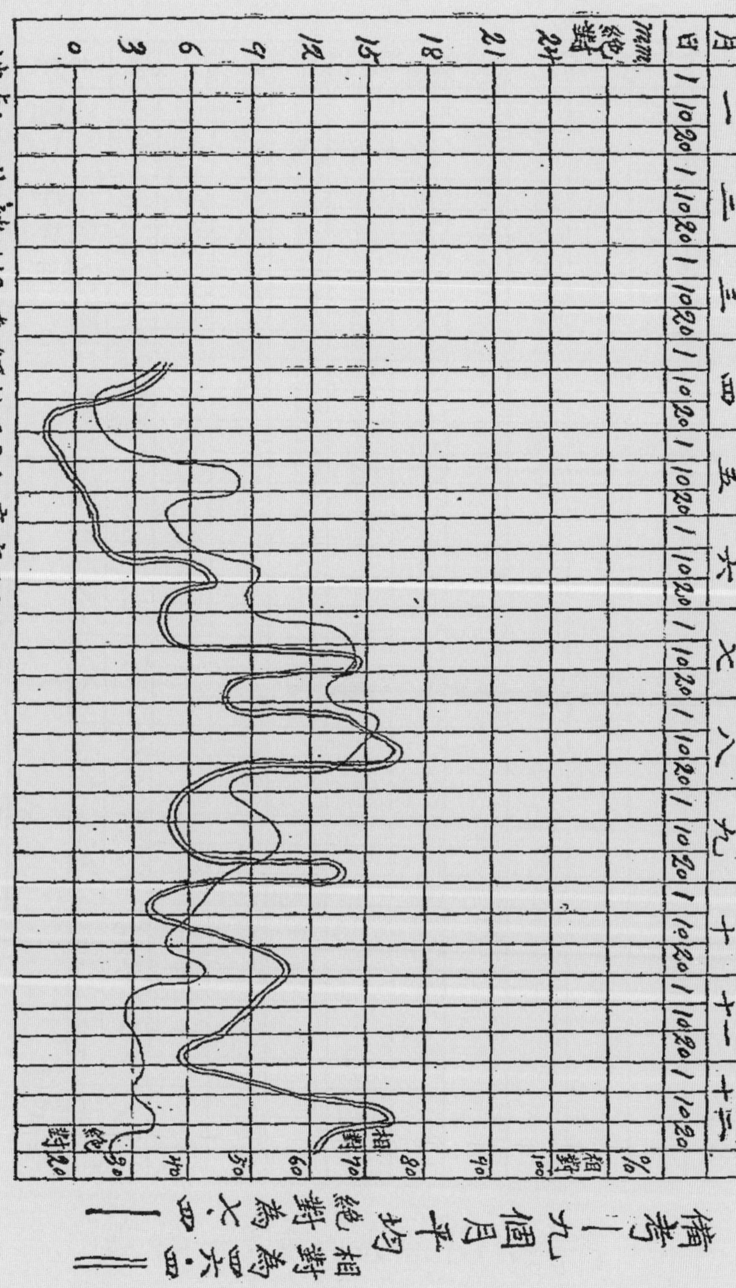

綏遠省民生渠水利公會第一年工作報告附計表

六九

雨量統計表

民國二十二年　　第四表

月	一	二	三	四	五	六	七	八	九	十	十一	十二
m.m.				7.2	44.9	15.7	434.4	54.2	25.8	30.8	0.0	0.9

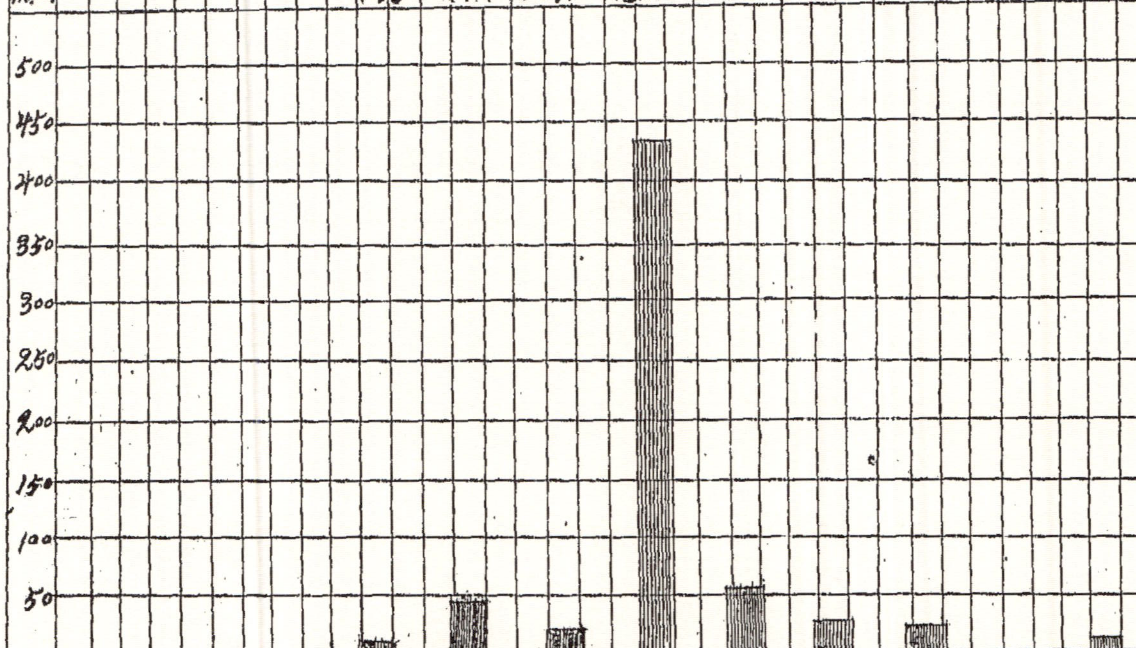

地点：一北緯41°；東經110°30'；高度986m；

備考—九個月共降六一三・九粍

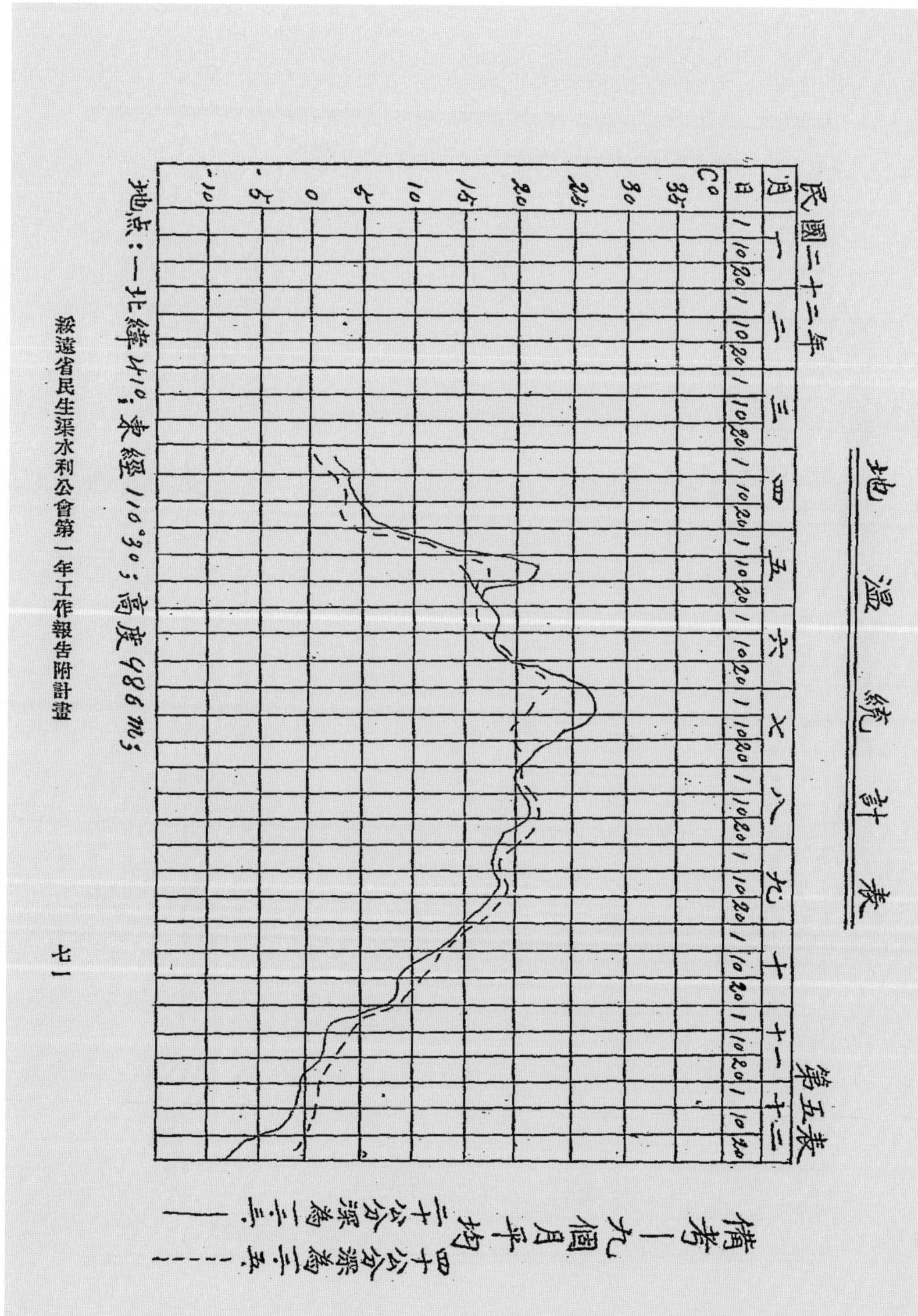
地溫統計表
第五表
民國二十二年
月
日
C°
地點：北緯41°；東經110°30'；高度986m；
備考—九個月平均
四十公分深為一二·五 - - - - - -
二十公分深為一二·三 ——
綏遠省民生渠水利公會第一年工作報告附計畫
七一

黃河水位統計表

民國二十二年　　第六表

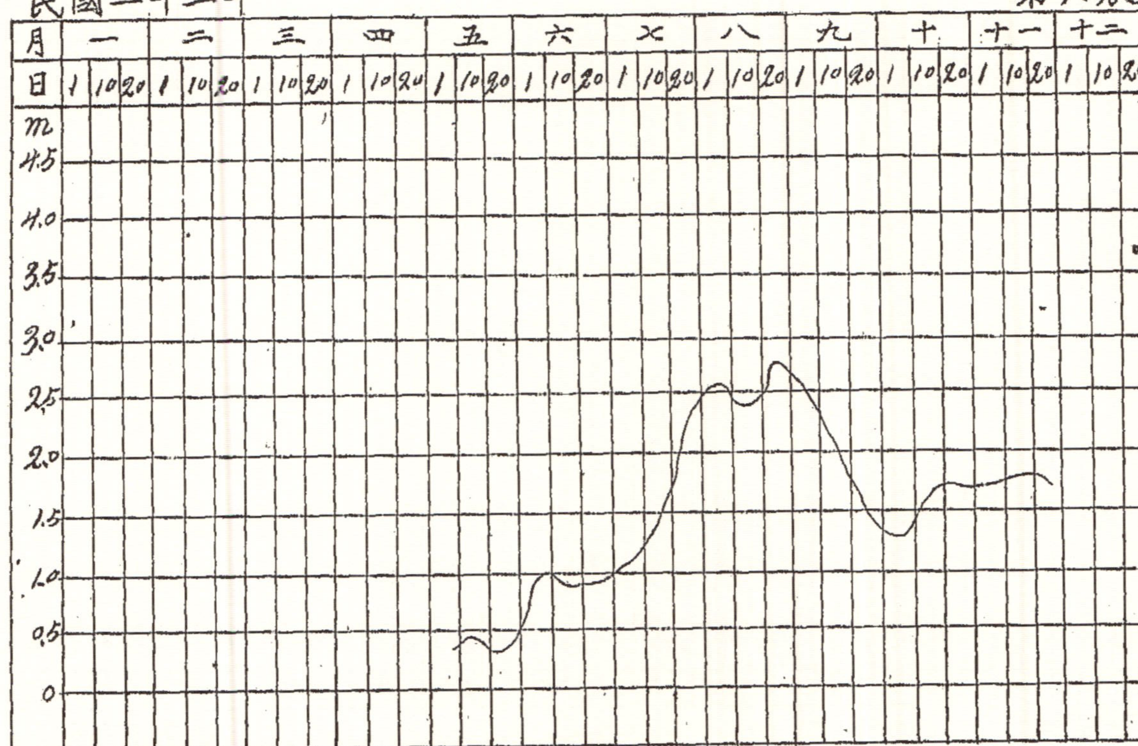

地点：一北緯41°；東經110°30'；高度986 m；

備考——(一)水位以民生渠渠口閘門底（比海面高九八六·四五尺）為標準
(二)十二月十八日黃河結氷四月二日解凍

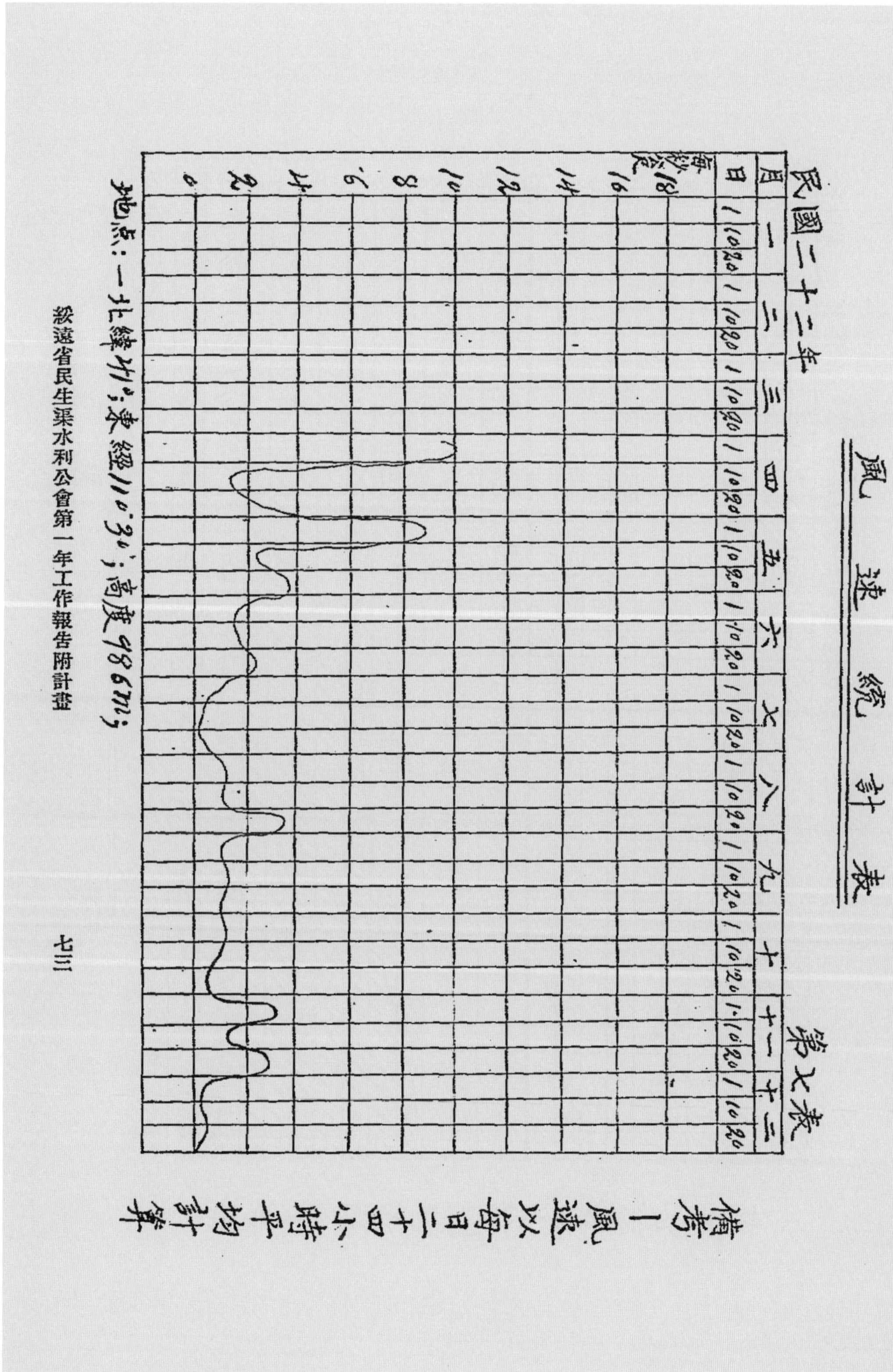
第七表
風速統計表
民國二十二年
月 一 二 三 四 五 六 七 八 九 十 十一 十二
日 1 10 20
每秒公尺 18 16 14 12 10 8 6 4 2 0
備考—風速以每日二十四小時平均計算
地點：—北緯41°;東經110°30′;高度986m;
綏遠省民生渠水利公會第一年工作報告附計畫
七三

綏遠省民生渠水利公會第一年工作報告附計 七四

日時統計表

民國二十二年　　第八表

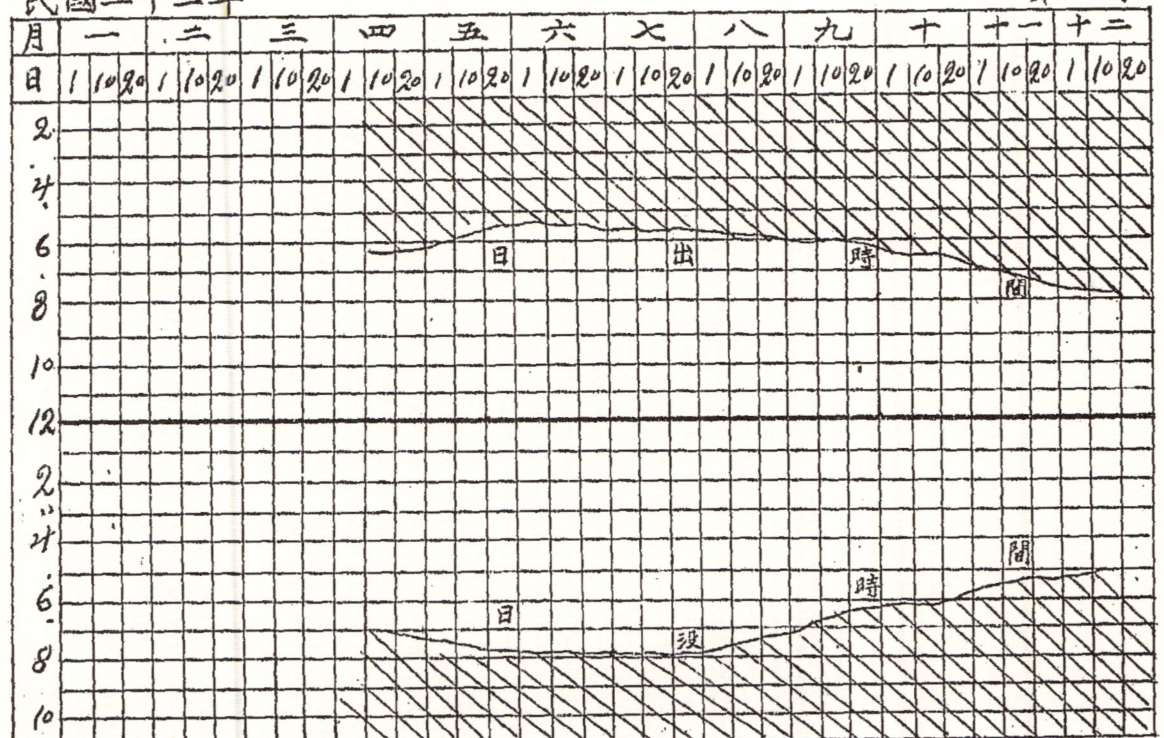

地点：一北緯41°；東經110°30°；高度986m；

備考一觀察時間以平津鐘點為標準

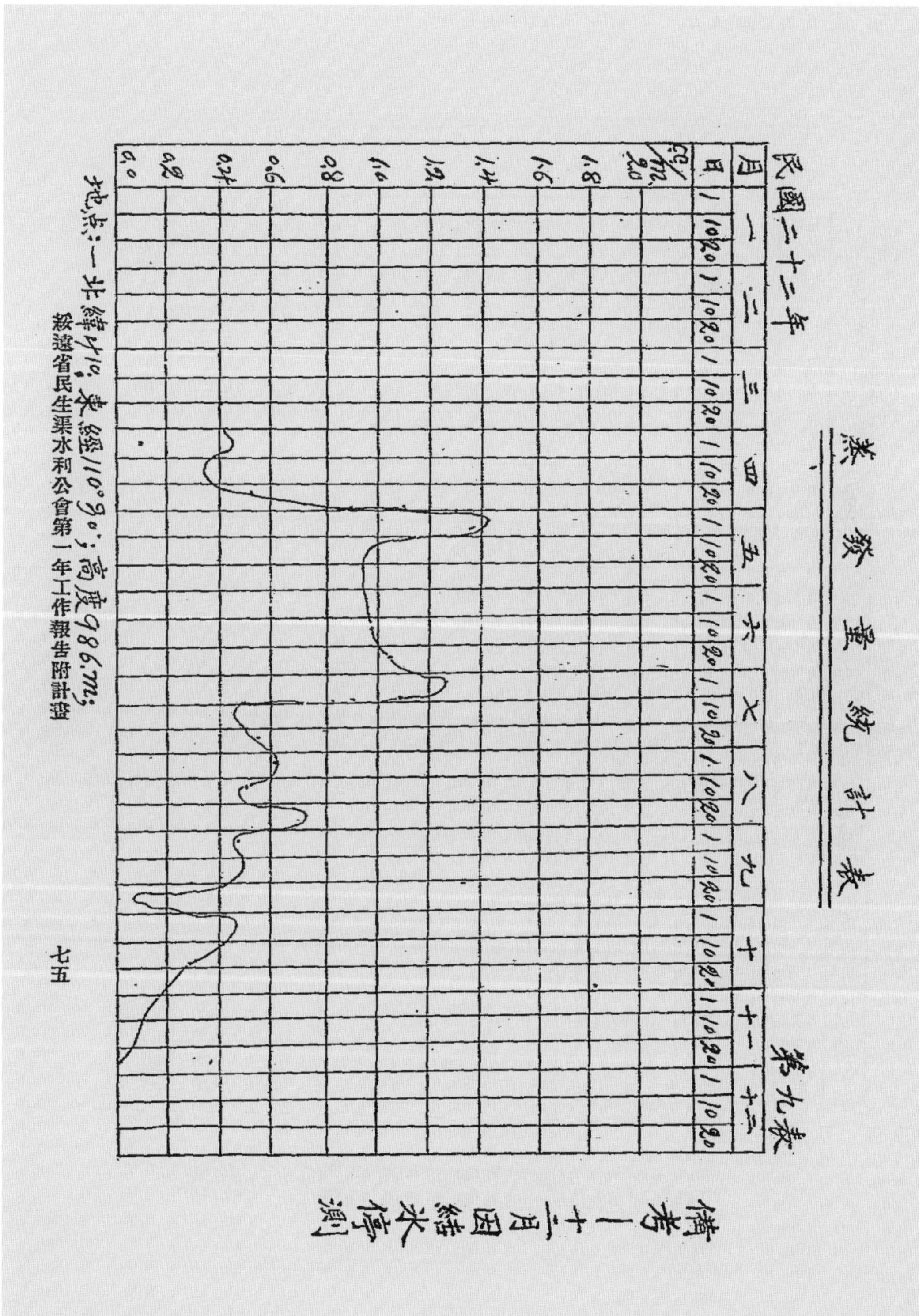

蒸發量統計表
第九表
民國二十二年
月
一 二 三 四 五 六 七 八 九 十 十一 十二
備考一十二月因結冰停測
七五

風向統計表

民國二十二年　　第十表

月＼項	N	NNE	NE	ENE	E	ESE	SE	SSE	S	SSW	SW	WSW	W	WNW	NW	NNW
一																
二																
三																
四	—	—	6.7	3.3	13.3	—	10.0	—	13.3	6.7	6.7	3.3	13.3	—	20.0	3.4
五	6.5	—	3.2	—	13.0	6.5	3.2	3.2	9.7	3.2	13.0	—	22.2	—	3.3	13.0
六	—	3.3	3.3	—	16.7	13.3	10.0	6.7	13.3	3.3	6.7	—	6.7	3.3	6.7	6.7
七	3.2	3.3	—	9.7	28.8	6.5	14.3	3.2	6.5	—	3.2	3.3	6.5	6.5	—	—
八	16.1	—	3.2	—	22.3	6.5	13.0	—	13.0	3.2	6.5	3.2	13.0	—	—	—
九	6.7	3.3	3.3	—	23.3	3.3	6.7	—	16.7	3.3	6.7	6.7	20.0	—	—	—
十	3.2	3.3	3.2	—	22.3	—	16.1	3.3	9.7	—	6.5	—	16.1	—	13.0	3.3
十一	6.7	—	10.0	—	23.3	—	10.0	—	3.4	—	10.0	3.3	26.7	3.3	3.3	—
十二	—	—	6.5	3.2	28.9	3.2	16.1	—	3.2	3.3	13.0	3.3	3.2	—	13.0	3.3
平均	4.4	1.5	4.4	1.8	21.5	4.4	11.4	1.8	10.2	2.2	8.0	2.5	14.6	1.5	6.5	3.3

地点：—北緯41°；東經110°30'；高度986m；

備考——(一)前列數目均為每月之百分率。(二)觀察時間在每日(平津時間)十二時。

綏遠省民生渠水利公會氣象年報

民國二十二年　　　　薩拉齊縣

類別＼月份	氣壓	氣溫				濕度		雲		雨		風		地溫		蒸發	黃河		備考
		最高	最低	較差	平均	絕對	相對	量	狀	量	時間	向	速	20Cm	40Cm		水位	泥量	
	700＋	C°	C°	C°	C°	mm.	%	0–10		mm.	hrs	16向	m/秒	C°	C°	cc/cm²	m	%	
1																			（一）本會由四月起觀測故總均以九個月計 （二）黃河水位係較民生渠渠口底（較海平面高九八六·四五）所高之數
2																			
3																			
4	57.0	20.4	1.7	18.4	11.3	3.0	30.0	3		7.2	1.5		3.4	6.9	5.0	0.61			
5	50.4	26.9	6.8	20.1	17.0	7.3	32.6	4		44.9	40.5		4.2	17.2	15.1	0.91	0.57		
6	41.7	31.1	13.4	17.6	22.2	9.4	36.8	5		15.7	4.0		2.0	22.0	20.3	0.91	0.98		
7	44.8	27.6	17.0	10.6	22.4	14.5	61.3	7		434.4	106.0		1.3	21.5	21.5	0.41	2.17		
8	43.8	29.7	15.2	14.5	22.5	12.5	49.6	4		54.2	13.5		1.6	21.1	21.3	0.55	2.44		
9	50.9	26.0	8.8	16.9	17.4	8.8	4.55	4		25.8	8.0		1.3	16.5	17.4	0.45	1.61		
10	61.8	14.6	1.4	13.2	8.1	5.2	50.6	4		30.8	17.0		1.2	8.2	10.0	0.22	1.68		
11	63.8	6.4	−8.4	14.8	−0.9	3.3	53.6	3		—	—		1.3	0.6	2.2	0.08	1.74		
12	61.1	2.8	−16.3	16.3	−5.5	2.6	58.0	3		0.9	2.5		—	−3.2	−0.5	—	—		
總均	752.8	20.6	4.4	15.8	12.7	7.4	46.4	4		613.9	193.0		2.0	12.3	12.5	0.52	1.39		

高度 986m；北緯41°1'；東經110°30'；觀測時間；距午標準12時；黃河水位以986,45為零數

民國二十二年(四月——十二月)氣象綱要

氣　壓

絕對最高…………769.9 m.m.…………十月二十三日

絕對最低…………731.1　〃　…………六月二十七日

最高平均………… 763.8 …………十一月

最低平均………… 741.7 …………六月

氣　温

絕對最高…………38.2°C…………六月三十日

絕對最低…………21.1°C…………十二月三十日

最大每日較差……31.0°C…………四月二十七日

濕　度

絕對濕度最大……18.3 mm…………七月十三日

相對濕度最小……20.0 %…………四月二十日 三十三日

雨　量

最多月日…………434.4 m.m. 七月……83.8七月七日

地　温

二十公分最高……28°C …………七月二日

二十公分最低…… 6°C…………十二月三十一日

四十公分最高…………25.°2c…………七月三日

四十公分最低………… 2°c …………十二月卅一日

黄　河

水位最高…………3.0m. …………七月二十八日

解冰日…………四月二日

結冰日…………十二月十八日

雜　記

早霜日…………九月十二日

晚霜日…………(-4.2°)…………五月三十日

晴天日數…………149日

陰天日數…………33日

半陰天日數…………17日

大風天日數…………25日

雨天日數…………55日

雪天日數…………4日

有日暈天數…………7日

有月暈天數…………10日

雜錄

民生渠水利公會章程

綏省人民多年渴望之薩托渠工實現於民國十七年大旱之後鑒於渠務之發展端賴管理之適法綏遠省政府特會同中國華洋義賑救災總會依照下列章程組織管理機關定名曰民生渠水利公會

第一章總則

第一條　本會定名爲民生渠水利公會

第二條　本會工作之目標（一）興辦水利以免災荒（二）改善農事以裕民生

第二章理事會

第三條　本會設理事會由理事九人組成之其員額三人由綏遠省政府（以下簡稱省府）派充三人由中國華洋義賑救災總會（以下簡稱總會）派充其餘三人別爲一組代表地方由薩拉齊托克托兩縣政府與綏遠華洋義賑分會各推一人任之

理事任期爲三年但第一屆理事之任期各組中一年者一人二年者一人三年者一人用抽籤法決定之

前項理事期滿連選得連任

前項理事出缺時由原選機關隨時派員補充之

第四條　理事會設理事長一人就省府委派之理事中推選之設名譽書記名譽會計各一人

就理事中互推之設執行部主任一人就總會派委之理事中推選之其任期均爲一年被連選者得連任

第五條　理事會主持本會一切事務以左列事項爲其職掌

甲　訂定本會各項章則

乙　審核本會預算決算

丙　編制表册及報告陳報於省府總會

丁　續成民生渠未竣工程

戊　促進渠區內農事及農民生活之改善

己　協助官府在渠區內實施禁種罌粟之法令

庚　籌償總會借墊渠款之本息

辛　籌畫本會經費

關於上項執掌理事會根據其決議委託執行部執行之並爲考核執行是否適當計得隨時酌派代表地方之理事一人或數人審查本會一切業務並將調查情形報告理事會以備復核惟此項調查員並無執行責任並不得干涉執行部主任行使其執權

第六條　理事會開會時以全體三分之二列席爲法定人數其議決以列席人三分之二幷其

中省府及總會理事各有至少一人之同意行之

第七條　本會理事因事故未能出席時得以書面託委同一機關選派之他理事兼代列席

第八條　本理事會均爲義務職惟視察渠務及出席會議時得由本會酌給川資旅費

第九條　理事會常會於每年四月九月内舉行之經理事三人或執行部主任或二渠十村以上人民代表之開列事項書面請求時理事長得召集臨時會

第十條　常會或臨時會開會時應由書記於會期至少三星期前備函開列會議事項集會時日及場所通知各理事

第三章　執行部

第十一條　本會爲實施理事會議定之會務起見設執行部歸執行部主任負責辦理之

第十二條　執行部主任視事之繁簡得酌量情形僱用員役若干人助理事務

第十三條　本會執行部辦理細則另訂之

第四章　會計

第十四條　執行部主任於每年九月内理事開常會時提出下年度預算案四月内理事會開常會時提出上年度决算案於理事會以備審核並轉送省府及總會請其核准

第十五條　本會會計年度每年自二月一日起至翌年一月三十一日止

第十六條　本會收支一切欵項及簿册帳據每年應分兩期提請省府與總會會選之會計師蒞

會檢查其檢查報告由理事會陳報於省府及總會存查

第十七條　有關本會資產及銀錢之文契票據均須名譽會計及執行部主任之連署

第五章　水租

第十八條　用水規則及徵收水租辦法由理事會另訂之

第六章　附則

第十九條　本章程於總會墊借渠欵本利償清並本會經改組完成時即行失效

第二十條　本章程如有未盡事宜得由理事會擬具修正案提請省府與總會協議經雙方書面核定時始為有效

第二十一條　本章程經省府與總會協定後由省府公布之並自公布之日起發生效力

民生渠水利公會執行部辦事細則

第一條本細則依照本公會章程第三章第十三條訂定並依照本公會章程第三章第十一條之規定執行理事會議決各事項

第二條執行部設主任一人由理事會公推

第三條執行部設總務農務工務三股其職責開列如左

總務股

（甲）執掌文牘編製章則報告表册及登記事項

(乙)承辦會計庶務事項
(丙)徵收水租
(丁)處理水利糾紛事項
(戊)指導用戶遵守本會章程規則事項
(己)辦理本公會尋常自衛事項
(庚)其他不屬於工務農務兩股事項

工務股

(甲)指導全渠水閘橋樑等建築物之使用
(乙)養護及修理全渠工程及建築物
(丙)報汎及水性之記載
(丁)地畝之測量
(戊)未完工程之籌畫
(己)管理電話
(庚)關於其他工程事項

以上各項應有之規章隨時另行訂定

農務股

（甲）農產之改良
（乙）土肥之研究
（丙）氣候之測驗
（丁）農田之灌溉
（戊）農具之改良
（己）植樹造林
（庚）畜種之改良
（辛）管理水產漁業
（壬）農村教育及合作事項
（癸）其他農業事項

設立農事試驗場以農務股股長爲場長所有試驗場規則另行規定

第四條總務股工務股農務股各設股長一人其他職員及工役按照事務之需要由主任分别聘任僱用

第五條各項職員均須有殷實商號担保

第六條執行部收發文件均須逐件摘由登記照主任批示分别辦理各項文件辦完之後應即歸檔存查

第七條　執行部會計事務遵照水利公會章程第四章各條所規定者辦理

第八條　各種賬册須照省政府及總會共同聘用之會計師所規定之格式逐日登記每日結清每月應造具月報清册送主任簽閲每年七月底應編造上半年之報告次年一月應編造上年之賬目送交會計師查核再提出理事會通過

第九條　各種賬單未經主任核准者會計員不得付欵

第十條　日常用品由庶務員購備經營收發時須隨時登記物品收發薄並註明日期量數每星期結清一次送主任核閲

第十一條　各股購備物品應由領用人開具購物單由該股股長簽字蓋章後送交主任核定交辦未經主任核定者庶務員不得用公欵代爲購備

第十二條　職員領用物品應先塡具領物單開明物品量數經該股股長簽字蓋章後再送主任核交庶務員發給

第十三條　各股工役均由庶務員僱用其工務農務兩股工役由各該股督責工作

第十四條　本公會自衛警士由庶務員招募責成警長督率服務

第十五條　全部職員工役請假規則及因公出外旅費等辦法另訂附則規定之

第十六條　本細則如有未盡事宜得由本公會擬具修改理由陳請省政府及總會核准施行

第十七條　本細則由省政府及總會核准後公佈施行

民生渠全渠建築物管理規則

第一條　本規則依照民生渠水利公會執行部辦事細則第三條訂定之

第二條　所有民生渠區域內之渠道橋樑閘門以及其他附屬之建築物皆爲本公會之資產人民不得更動或私用之

第三條　所有民生渠區域內渠道橋閘及其他附屬之建築物於經營水利關係至鉅應由沿渠村社分段保護

第四條　全區幹渠及支渠每年由本公會疏濬支渠以下之子渠分水渠均由各水社按時清理濬修以便放水灌田

第五條　幹渠及支渠之水閘橋樑堤岸如因天時氣候或年久而損毀者應由毗連水社報告公會執行部由本公會修理之未得執行部許可者不得擅自改動若爲人力毀壞者應由毗連之水社或水社聯合會集資修理之

第六條　支渠以下渠道之水閘及橋樑如有損壞時悉由毗連水社或水社聯合會修理之

第七條　渠堤上不得牧放牲畜亦不得樵草伐樹如有違犯其情節重要者應賠償原有損失外應罰洋五元

第八條　如有破壞本公會渠道橋樑閘門及其附屬建築物者除賠償原有損失外應罰洋拾元其情形重大者並送官廳懲處

第九條　幹渠及支渠內農民不得私自支架橋樑及泡𤸫等事

第十條　幹渠及支渠內管理水產漁業等規則另定之

第十一條　本規則如有未盡事宜得由本會執行部擬具修改理由提交本公會理事會議定請由省政府核准公佈並分函總會備案

第十二條　本辦法自省政府公佈之日施行

民生渠水社及水社聯合會組織章程

第一條　本公會謀與民生渠區域內農民合作起見得准農民組織水社

第二條　水社以同一子渠內之農民戶爲單位

第三條　水社職員設社長一人由社內農民推選社員中衆望素孚者充任事務員一人由社員推選辦事幹練者充任

第四條　水社職員職務如左

（甲）處理社內水利之糾紛　（乙）督率社員遵守本　規章

（丙）協助本會推廣農事改良　（丁）修理該社範圍以內之水道

（戊）保護該區域內之渠堤橋閘及其他本會所有之建築物並隨時報告其損壞情形

（己）於必要時代本會催繳水租

第五條　同一支渠內之水社得合組水社聯合會（以下簡稱聯合會）

第六條　聯合會設會長一人由各水社職員中互選道高望重者任之書記一人事務員一人均由會内水社職員中互選文理淸通辦事幹練者分别担任

第七條　聯合會職員之任務如左

(甲)監督水社職員行使其職務　(乙)處理會内各社水利之糾紛

(丙)解除本會與農民間之隔膜　(丁)保護該區域内不屬各水社保護之渠堤橋閘及其他本會所有之建築物並報告其損壞情形

第八條　水社及聯合會之職員均爲義務職有必要時得由本會酌給旅費及公費

第九條　水社及聯合會不得向農民征收任何種類捐稅及費用

第十條　水社及聯合會每年春秋二季由本會執行部招集各開討論會一次共商農事及水利之改良其日期與地點由本會執行部决定並招集之

第十一條　討論會開會時各社職員務須出席如有因特别事故不能出席者應派代表出席

第十二條　水社及聯合會之職員務須常川居住其原住之農村内如於農忙時有長期離村至一個月以上者應由社員另選他人代理之

第十三條　水利糾紛之處理

(甲)同一水社内之社員如有發生水利糾紛事項時應由該社職員調解之如有不易解决者由聯合會職員辦理之再有不能解决者提交本會執行部處理之

（乙）在同一支渠之內甲水社與乙水社發生水利糾紛事項時由聯合會職員調解之如有不易解決者提交本會執行部處理之

（丙）兩支渠或兩支渠以上之水社或聯合會發生水利糾紛事項時提交本會執行部處理之

以上各欵之水利糾紛如經執行部不能調解及附帶刑事之案件應由司法機關處理之

第十四條　農民有田地在兩水社或數水社範圍以內者得爲各關係水社之社員但不任一水社以上之職員

第十五條　水社及聯合會之職員於每年國歷三月內選舉之其任期爲一年連選得連任（但不得連任過二年）

第十六條　水社及聯合會之職員應將各該社各該聯合會區域內之農作特殊情形隨時報告於本會以資研究設法改良

第十七條　水社及聯合會有建議本渠水利上改良之職權

第十八條　本章程如有未盡事宜由本會隨時修改提交理事會議定請由省政府核准公布並分函總會備案

第十九條　本章程由省政府公布之日施行

民生渠用水規則

第一條　本規則依照本公會章程第五章第十八條之規定訂定之

第二條　凡在本渠灌域內放水灌田者須依照本公會規定之各種章則辦理之並須對本公會負繳納水租義務

第三條　本渠放水時間由本公會執行部農工二股決定之放水時之各渠閘門由工務股派員監守之

第四條　本會各支渠之用水灌田須按次序輪流澆漑農民不得爭先搶後亦不得賄通本會職工有舞弊情事

第五條　凡農民用風車畜力人工及其他方法引水灌田者非經本會許可不得擅自使用其經許可用水者得按照本公會水租定率減收三分之一

第六條　凡願出資自開幹渠支渠引水灌田者須得本會之許可其水租於五年內得依照定率減收四分之一並以渠捐抵還工本

前項規定之自開幹支各渠其開挖方法及渠綫位置尺度均須受本會之指導修理完竣

第七條　本會放水之前應將放水時期通知各水社各該水社應於放水前將其範圍內之水道

第八條　本公會得按照土肥情形對於灌田水量增加或限制之

第九條　凡具有下列情形之一者本會有停止水社或水社聯合會引水灌田之權

甲　社內或會內水道未能及時修理者

乙　破壞本會之建築物而不能修理者

丙　水租未能按時繳清者

丁　渠捐過期未能繳清者

戊　屢犯本會各種章則者

己　種植鴉片者

第十條　本規則如有未盡事宜得由本公會擬具修正理由請省府核准公佈並分函總會備案

第十一條　本規則自省政府公佈之日施行

籽種貸欵辦法

一、凡民生渠區域內農戶無力購備籽種擬向本會借貸者得照本辦法辦理之

二、凡向本會請求籽種貸欵者須先期塡具貸欵保單由村長担保並以地契作押

三、本會籽種貸欵須於當年秋季子母如數還清其利率臨時酌定但至多不得超過二分

四、籽種貸欵須以現洋計算如果以粮代款者以當日市價合成現洋計算之

五、農村歸還籽種貸欵時非得本會允許均須歸還現洋不得以粮食代替

六、凡具有下列各欵之二者得向本會請求籽種貸欵

一、地畝曾壓靑者　二、曾澆過渠水者

三、子渠分水渠開全者　四、業已組織水社者

七、本會籽種貸款之數量以本會所定預算數目及籽種爲限

八、凡同村農戶向本會請求籽種貸款者須具合作精神遇有同村農戶無力償還時應由其他借貸者共負連帶淸償之責

九、凡借貸本會籽種貸款者遇有天災或其他不可抗力之損失經本會查得確無資力償還時准其緩付一年惟該款利率應照原息增加二分之一並須於次年本息一併淸償否則即將所押地畝變賣償還之

十、本辦法經本會理事會議決通過省政府批准向中國華洋義賑救災總會備案後始爲有效

十一、本辦法如有未盡事宜得由本會理事會修改之

十二、本辦法由公佈之日起施行之

代理農村籽種貸款辦法

一、凡個人或團體願委託本會代理農村籽種貸款時依照本辦法處理之

二、本會代理之農村籽種貸款悉照本會籽種貸款辦法規定辦理之

三、委託本會代理之籽種貸款概以現洋爲單位

四、本會經手之籽種貸款應由本會對於委託者負完全責任但借期至少以一年爲限

五、凡遇天災或人力所不能預防之意外事態農村確無力歸還時得延期歸還之

六、本會將代理籽種貸款收回時應即交還原主所有往返之滙費由其利息內扣除之

七、本會爲預防執行上發生障礙時得拒絕代理籽種貸款

八、本會代理農村籽種貸款在試辦期內所有經手費用以不取償爲原則

九、本辦法經本會理事會議決通過省政府批准並向中國華洋義賑救災總會備案後始爲有效

十、本辦法自公佈之日起施行之

民生渠捕魚規則

一、凡在民生渠內捕魚者應先向本會登記領取牌照無牌照者不得捕魚

二、捕魚者應遵守牌照所指地段不准越界

三、渠內捕魚方法以不得損害渠道渠背及橋閘樹木等公物爲標準

四、捕魚場所以幹渠及支渠爲限

五、捕魚者應自備制服或船牌以備捕魚之用

六、捕魚者不納任何捐稅惟應負報告捕魚區域內渠道情形及修補被雨水冲壞渠背及旱台之義務

七、捕魚者未能履行第六條所載之義務時本會得隨時禁止其捕魚

八、放水時期內一概禁止捕魚

九、本規則如有未盡事宜得由本會理事會隨時修改之

十、本規則自核准之日施行

村社開挖子渠及分水渠辦法

一、子渠爲由支渠引水之要道應由各村社聯合全村農民開挖之

二、分水渠爲由子渠引水灌田之要道應由各關係農戶自行開挖之

三、開渠引水爲地方公共之建設所經之地不得攔阻

四、開挖子渠辦法

（甲）各村社應依照本會工程師所測量之路線開挖子渠

（乙）各村村正應規定土方價目及人工畜工每天工資

（丙）各村社應將應挖土方及所用人畜工力合成銀數以作開挖子渠之總預算

（丁）丙項之總預算按本村地畝之總數分之即爲每畝應攤之數目

（戊）各村正召集全村農民按地畝分攤有工者派工無工者出錢

（己）丙項之總預算如各村於計算有困難時得請本會工程師代算之

（庚）本會現有做成省工開渠渠壩機器各村社有需要者可向本會訂購其欵可於陽歷十一月三十日前付清但須有相當之抵押品及舖保（此種機器甚爲堅固本村用完後

並可作價轉售或轉租於他村農戶應用）

五　開挖分水渠辦法

（甲）農戶開挖分水渠應依照本會工程師所測量之路線開挖之

（乙）用該分水渠澆地之農戶應聯合起來將應挖土方及人畜工資合成銀數作爲開挖該分水渠之總預算

（丙）該分水渠之總預算按該渠所澆地畝之數目分之即爲每畝應攤之數目

（丁）按本村規定之土方及人畜工資按畝分攤有工派工無工出錢

（戊）以上計算有困難時得請本會工程師代算之

六、開挖子渠及分水渠之攤派地主應出八成佃戶應出二成但佃戶因人工方便可先代墊人工畜工所值之數於交租時向地主扣還以昭公允

七、凡用同一子渠之村社應聯合起來組織一水社

八、本辦法如有未盡事宜得由本會隨時修正呈請省政府核准公佈並向中國華洋義賑總會備案

九、本辦法自綏遠省政府公佈之日施行

開挖子渠及分水渠略圖

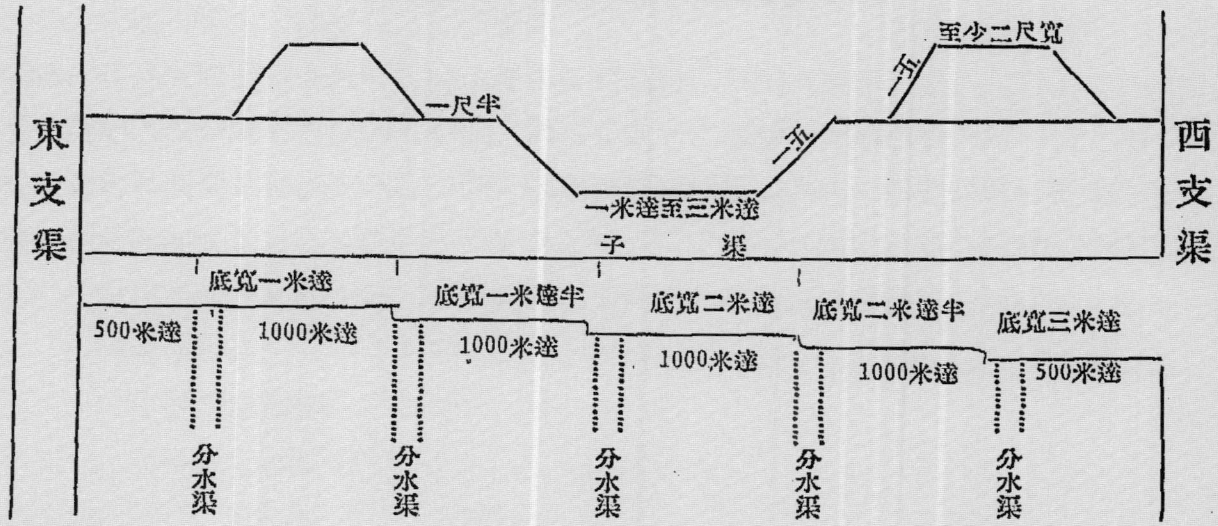

說明

(1) 子渠假設在兩支渠間自西向東開
(2) 子渠之底寬如圖示
子渠之兩坡為一五坡
子渠之兩旱台為一尺半
子渠之兩渠背須比地高三尺
子渠兩渠背之內坡為一五坡
子渠之兩口深均三尺(由工程師指定之)
(3) 每子渠計五千二百方
(4) 每子渠計用工人一千三百個
(5) 每子渠計合洋四百五十元
(6) 分水渠底寬六公寸
分水渠開口與子渠底平
分水渠之兩坡為一五
分水渠之兩旱台為一尺
分水渠之兩渠背須比地面高二尺(由工程師指定之)
(7) 每分水渠計六百方
(8) 每分水渠計用工人一百個
(9) 每分水渠計合洋三十元

第一次成立會臨時會議紀錄

時間　民國二十一年十二月一日下午三鐘

地址　綏遠省建設廳

出席理事　艾德敷　虞振鏞　費懷永　袁慶曾

馮　曦　閻　肅　總幹事艾德敷代

宋九皋　張國英

列席人　工程師張季春

紀錄周晉熙

（一）報告事項

省政府傅主席袁慶曾代報告傅主席回里未能出席慶曾代表説幾句話民生關係最要的是水利農業傅主席很是注意的綏遠十七年旱災很重薩托兩縣尤甚省政府遂與工賑又與華洋義賑救災總會訂定合同籌挖民生渠以達救災暨發展農業的目的傅主席到綏後尤抱有繼續完成的志願今天民生渠水利公會成立將來薩托兩縣水利必有無窮發展的希望

臨時主席馮曦宣讀民生渠水利公會章程以此項章程係屬省政府與華洋義賑救災總會規定公佈發生効力的今天再爲逐條宣讀解釋

（二）討論事項

（1）照章推舉理事長案

公推馮曦爲本會理事長

決議　一致通過

（2）照章推舉名譽書記案

公推閻肅爲本會名譽書記

決議　一致通過

（3）照章推舉名譽會計案

公推費懷永爲本會名譽會計

決議　一致通過

（4）照章推舉執行部主任案

公推虞振鏞爲本會執行部主任

決議　一致通過

（5）執行部提出辦事細則案

決議　研究後再行提付審查審查後再付表決

（6）執行部提出旅費津貼附則暨辦公時間及職員工役請假規則案

決議　併案研究審查再付表決

（7）執行部提出全渠建築物管理規則案

決議　研究後再付討論

（8）執行部提出水社及水社聯合會組織章程及用水規則征收用水規則案

決議　應先考查並按民法審定後再付表決

（9）理事長提出本會成立華洋義賑會工程處應如何交接案

決議　本會成立後由工程處交接

（10）理事長提出本會成立後應如何籌維案

決議　先由執行部於三千頃十萬元撙節開支範圍内造具概算在未收水租以前由省政府華洋義賑救災總會担任共同借欵以維現狀

（11）理事長提出在澆水章程未定之先應先設法澆地案

決議　計劃後再付表決

第二次臨時會議紀錄

時間　十二月二日下午三時

地址　建設廳

出席理事　艾德敷　賈懷永　虞振鏞　幹事艾德敷代　袁慶曾

閻　肅　宋九臯　張國英

列席人工程師　張季春

理事長　馮　曦

紀　錄　閻　肅

本會理事應抽籤以定年期

一年期理事　馮　曦　艾德敷　宋九皋

二年期理事　閻　肅　總幹事　費懷永

三年期理事　袁慶曾　虞振鏞　張國英

討論　（繼續第一次議案）

（一）執行部辦事細則案

決議　修正通過

（二）執行部辦公時間及職員工役請假規則案

決議　修正通過

（三）執行部辦公時間及職員工役請假規則案

決議　修正通過

（四）民生渠全渠建築物管理規則案

決議　修正通過

（五）民生渠水社及水社聯合會組織章程案

決議　修正通過

（六）征收水租規則用水規則案

決議　實地調查後再行討論規定

第三次臨時會議紀錄

時間　十二月三日下午三時

地點　建設廳

出席理事　艾德敷　費懷永　虞振鏞　總幹事（艾代）　袁慶曾

馮曦　張國英　宋九皋　閻肅

列席人　張季春　季履義

主席　馮曦

記錄　閻肅

（一）報告事項

一　建設廳函據薩縣政府轉據十三鄉長韓文錦等請早日放水案

決議　提前放水本會正擬辦中函覆知照

二　建設廳函據薩縣公民代表劉鐸等條陳各項意見請採擇案

決議　交執行部隨時採擇並復

(二)討論事項

一　擬定本會二十二年一月起至二十三年一月底止收支概算案

甲　收入方面

一　水租　每畝按二角征收共計七萬六千元

二　一次渠捐　原定每畝征洋五角本年每畝先收一角共計三萬八千元

乙　支出方面

一　工程費　五萬元

二　農事試驗場開辦費　一萬元

三　本會經費　三萬六千元

四　預備貸借籽種費　四千元

決議　按照收支標準由執行部分別擬具計劃及詳確預算提出下次會議核辦

二　本會接收工程處之手續及期間如何辦理請論討案

決議　於二十二年一月一日由華洋義賑會會同省政府及本會代表妥爲接交並報省政府暨總會及本會備案

推定虞振鏞張國英閻肅爲本會接收委員

三　本會概算支出在收入欵項未收回以前上次決議由省政府曁總會共同担任借欵應以何種方式辦理案

決議　以本會財產及收入作担保函由省政府及總會共同介紹銀行貸用

四　本會規定征收水租規則及用水規則上次決議俟實地調查後再行討論應請推定代表以便調查案

決議　推定虞張閻三理事實地調查報會討論

五　艾理事提議請省政府於民生渠灌域內實行禁種罌粟案

決議　函請省政府于民生渠水利達到之處嚴令禁止

六　本會圖記應如何置備案

決議　函請省政府刊發

七　決議本會臨時會定于二十二年一月十五日召集屆時不另通知開會地點仍在建設廳

第四次臨時會議記錄

時間　二十二年一月十五日下午三時

地點　建設廳

出席理事　袁慶曾（袁志萃代）　馮曦　費懷永

宋九皋　虞振鏞　張國英

閻　肅　艾　德　敷虞代　李　廣　誠虞代

主　席　馮　曦

記　錄　閻　肅

宣讀上次臨時會記錄

上次會議出席理事周總幹事周詒春改爲李廣誠修改通過

甲　報　告

(一)總會代表艾德敷李廣誠因事未能到會請由虞振鏞代表出席

(二)袁理事慶曾因事未能到會派袁志萃代表出席

(三)工程交接事項已於本月一日照單點收清楚並請各接收委員簽字

(四)省府刊發木質圖記一顆文曰「綏遠省民生渠水利公會」已於本月一日啓用並於本月十一日通知各機關矣

(五)本會上次通過各種章則經省府修正函請總會同意俟函復後即可公佈施行

(六)本會經費事項

主席報告本會經費本擬由省府與總會兩方會同介紹担任向銀行借款洋十萬元以資應用總會方面爲章程所限不能代替担保借欵雖允照銀行辦法借予本年之工程費洋五萬元其餘五萬元另由省府向銀行息借省府方面已派談秘書赴平向大陸保商金城

商借三萬元其餘二萬元擬由歸化中交兩行分借之在借欵未成立前省府已允担任籌措本會工程以外之經費等洋五萬元

乙 議 案

(一)執行部主任提出據庶務組請將接收不堪應用物品註銷其餘可用者立册登記以便查核請 公決案

決議 應分别能否應用分造保存註銷兩册提請下次會議追認

(二)執行部主任提出民國二十二年預算案請 公決案

決議 通過應擬具一二兩項工作計劃提出下次常會核准後分報省府暨總會備案

(三)用水規則草案提請公決

決議 指定處閻二理事修正後提出會議討論

(四)執行部主任提議本省地方遼闊人烟稀少爲發展農業最宜之區惟專門人才不敷應用如有在本會區域以外之農業機關函請本會人員協助者可否予以協助請公決案

決議 以不防碍本會工作範圍内得允許協助

(五)本會工程原圖旹爲總會工程股收藏擬函請總會將單開各圖移送本會執行部保存以資査考請公决案

決議 照辦

(六)以前總會工程方面所用一切簿記單據擬請總會移送本會執行部保存以便參考請公決案

決議　照辦

(七)擬請省政府頒給步槍十枝以資保衛案

決議　照辦

(八)主席提出理事出席會議照章應酌給旅費川資應如何支給請公決案

決議　車費實報實銷膳宿費按日照主任股長支給辦法辦理

散會　下午五時

綏遠省民生渠理事會第四次臨時會議續會

時間　二十二年一月十六日下午二時

地點　建設廳

出席理事　馮　曦　費懷永　張國英

宋九皋　閻　肅　虞振鏞

艾德敷虞代　李廣誠虞代　袁慶曾袁志華代

主　席　馮　曦

記　錄　閻　肅

宣讀昨日會議記錄　決議通過

（一）決議事項

主席　提本年四月常會開會日期及地點應提前規定以便召集請公決案

決議　定於四月二十二日下午八時開會並在薩縣本會內舉行

閻虞二理事報告已將綏遠省民生渠用水規則修正提請公決

決議　修正通過

主席　提在澆水以前應預防危險擬請省府令縣轉飭灌域內之各村須自築護村堤埝以資防範案

決議　照辦

主席　提議渠捐辦法已公佈尚未實行所有本年放水凡在灌域內得沾水利之地經會決議先按每畝起收一角其餘四角於二十三四兩年平均分收至於買賣地畝之渠捐自應於成交時一次收清擬請省政府令縣自本年起切實執行案

決議　通過

主席　宣告閉會

散會　下午四時

第一次常會會議記錄

地點　薩縣本會
時間　二十二年四月二十二日下午八時
出席理事　馮　曦　袁慶曾　艾德敷
　　　費懷永　虞振鏞　宋九皋
　　　張國英　閻　肅　李廣誠艾代
主　席　馮　曦
記　錄　閻　肅
甲　報告事項執行部主任報告
（一）勘定試驗場地基
（二）調查農村狀況
（三）測量地平事項
（四）本會經費經過
（五）本會聘定會計師
（六）春水灌溉及全渠情形
（七）接交事宜
（八）本年試驗澆地計畫

補充意見　1.應請本地有修理渠道經驗者監工
　　　　　2.預備澆伏水

乙　提請追認事項

（一）五銀行借欵合同

決議　通過

（二）借欵生息辦法

決議　通過

丙　提議事項執行部主任提出

（一）總會工程費借欵合同請公決案另附

決議　通過

（二）農事試驗場計畫請公決案

決議　通過

（三）購備槍枝以資保衛請公決案

決議　酌量情形購備

（四）與薩縣建設局合作電話辦法請公決案

決議　通過

（五）氣象儀器押借辦法請公決案

決議　照辦

（六）職員薪金表請公決案

決議　保留

（七）本年工程計畫請公決案

決議　照原案通過本年一切工作應以渠道工程爲中心俟渠工完竣再進行其他工作以便集中力量並限於放伏水以前將九道支渠以上渠工告竣

（八）修正渠捐請公決案

決議　照省政府來函更正

（九）鉄工廠機器材料費用擬由籽種貸款餘款內借撥若干請公決案

決議　俟工程費有餘時再行借用

散會　下午十時

第二次常會會議紀錄

時間　二十二年十月十四日下午六時

地點　歸綏市豐業銀行

出席理事　馮　曦　袁慶曾　艾德敷　虞振鏞

主　席　馮　曦

記　錄　閻　肅

主席提上次會議錄有無修正之處如無修正卽作爲通過

決議　通過

（甲）報告事項

（一）處主任報告本年被水情形

（二）本會試驗場因義和渠之背被水冲開全部被淹所有試驗及樹苗盡行被毀甚爲可惜惟渠上所種楡樹秧尚有不少已作過冬保護或可保存

（三）本年渠上所受損害計幹渠渠背開口十二處約共五百二十五米突支渠渠背開口十五處約共二百六十六米突渠垻開口十處約共四百一十三米突支渠南段渠垻被冲約七千米突閘門上下護堤被水冲壞六處全部修理究需若干未敢預定現擬先將重要者塡補以備秋季放水其餘因經濟關係來年再行修理請閻二十三年預算

（四）上年請省府代購槍彈已於八月二十一日領到套筒舊槍六枝子彈六百發存會備用

（五）本會房屋行將完工不久卽可遷入新址唯地離城頗遠擬在城內借房數椽以備人員往來辦事之用

（六）以現在渠上工程觀察秋季約可澆地五千頃

（七）本年八月廿七日傅主席陪同黄部長參觀民生渠由磴口乘汽車沿幹渠來薩中途參觀把拉盖教堂男女學校暨華北公司羊羣旋至本會稍憩是日略備茶點與午餐藉表歡迎之意

（乙）請追認案

（一）追加建築經費案

決議　通過

（二）設立工廠案

決議　原則通過應另擬工廠辦法並編造預算下次會議提出

（丙）提議事項

（一）上半年決算案

決議　照會計師意見通過交名譽會計簽字後分報省政府及總會

（二）請緩征渠捐水租案

決議　照辦

（三）將種貸欵擬請展緩歸還案

決議　凡被水災之借戸得展緩歸還

（四）籽種貸款辦法草案
決議　原則通過推閻理事修正文字
（五）代理籽種貸欵辦法案
決議　原則通過推閻理事修正文字
（六）擬設農村訓練班並預算案
決議　照辦
（七）本會本年度預算不敷應如何補救案
決議　與十、十一、兩案併案討論
（八）本會渠內捕魚規則請公決案
決議　原則通過推閻理事修正文字
（九）本會工役管理規則請公決案
決議　通過
（十）本會二十三年度經常臨時兩預算案
決議　修正通過
（十一）本會二十三年度經費擬續借欵項辦法案
決議　照辦

(十二)提議二十三年水利公會月支經費需用亟應確定案

決議　原則通過

(十三)提議工務股股長應常川在會工作以免貽誤案

決議　由執行部主任負責統籌

臨時提議

(一)本會本年因種種原因超過預算已如前議惟據最近工務股聲稱挖子渠口一百個約需洋一千元應追加本年預算請公決案

決議　與第七條並案討論

(二)本年雨水充足秋水當可上地來年耕種多有希望擬備籽種貸欵洋四萬元請公決案

決議　原則通過

(三)幹渠尾洩水渠應加大以免水淹村落約需洋六千五百元請公決案

決議　籌借欵項尅期興工

(四)請省府令薩縣二五兩區趕修護堤以防水災請公決案

決議　照辦

(五)函請總會塔德工程師爲本會名譽工程顧問請公決案

決議　照辦

（六）接收不堪應用物品另單註銷請公決案

決議　准予註銷由執行部便宜處理報會備查

（七）薩縣耕牛改良社爲提倡本會灌溉區域內農墾起見擬請本會職員協助應否合作請公決案

決議　在不負經濟責任及不妨碍本會工作上准予協助

（八）本會工作多與農民接觸如依照假期規章有時與農民不便本會職員如於例假期內服務者應如何鼓勵請公決案

決議　以例假工作抵補請假曠務

散會　下午十時

黄河水利委员会编

西北水利问题提要

张含英题

西北水利問題提要

目次

弁言

一、黃河治本研究
二、青海之灌溉
三、甘肅之灌溉
四、甯夏之灌溉
五、綏遠之灌溉
六、陝西之灌溉
七、黃河及其支流之航運
八、黃河及其支流之水力

西北水利問題提要

弁言

西北水利事業，範圍至爲廣泛，欲作詳盡之探述，恐連篇累牘，亦難包括靡遺。本會職司治黃，對黃河幹支流各項問題，皆須詳加研討，而西北諸水，多與黃河有關，故言黃河水利，大部分即爲西北水利。本篇所述以黃河幹支各流爲主體者，意即在此。惟各流之性質不同，其治理之目標亦異。即如黃河下游應以防患爲主，而上中游及各支流又應以興利與除害並重。總則整理之方法與進行之步驟，既須因地制宜，自未可拘於一定之範疇也。

本會對西北水利問題之研究，雖有數載，但基本資料，常苦不足。加以爲人力物力所限，雖稍有所得，究未能達到預期之目的。然若供一般之研究，尚可作初步之參考。近以物資缺乏，印刷不易，製成之圖表，爲數浩繁，未能一一付印。茲僅就各項問題，提綱挈要，加以闡述。當世賢達如欲詳爲研究，本會願將所得資料盡量提供參考。倘更進而致之，俾此重大問題得有適當之解決方案，則本篇實不啻引喤之初唱也。

再篇中所述間有非本會職掌，而事業亦非本會所菅者，因多在黃河流域，爲使閱者得一整個之概念起見，故亦摘要述之。

一、黃河治本研究

黃河發源於青海，橫貫九省，翕納衆川，東入渤海。幹流四千六百七十公里。流域一百三十六萬方公里。歷代爲患，治河名人，史不絕書，如西漢賈讓，東漢王景，元之賈魯，明之潘季馴，清之靳輔，其所主張往往與近代理論契合。然河卒未長治者，殆由河性善變，而受病之原，亦非一端。加以因時代之需要，各有專注，治理之方策，每以不同。況多從局部着手，未能統籌詳劃，故雖暫告安流，而旋遭潰決。且治河云者，不僅在防止禍害，必也利民濟物，資灌溉，通航運，發展水力，方足以副國家振興水利之至意也。

黃河流域黃壤佔其大部，水流其間，攜以俱下。故水呈黃色，斯河所以以黃名也。其含沙量之巨，爲世所罕聞。上中二游，流速頗大，故能攜帶。及出孟津，入平原，水勢平緩，其力不足以輸之入海。故河床逐漸淤高，且高出兩岸地面。歷史所載，改道易流者凡六次，決口漫溢不計其數。恩格斯視黃河爲一大荒溪，孟津以上爲盤形之集合槽，孟津以下爲錐灘上之通流，或淤積區。錐灘上有隄防，則泥沙淤積不至分佈於錐灘之全面，惟河床淤高，反速於築堤。是以河無

一

深槽，屢有溢決，而一切因築堤所致之弊端具現於黃河。加以高低水位相差過大，益使黃河難治，而居民無寧日矣。治河之範圍至廣，但應就其重要，分別緩急。以黃河論，應以防患爲主，航運次之，其他水利又次之。

黃河之患雖在下游，但其致患之原因，則由於上中游，故防患設施應三游並重。治理上中游之目的，則爲節蓄洪流，減少泥沙。其工程方式可分爲直接與間接兩項。屬於直接治理者爲建造攔洪水庫，設置谷坊，保護河岸等工程。

查黃河流量變化倏忽，下游河槽每不足以容納非常洪流，以致潰決時聞。故在下游應規劃一適當容量之河槽，並於中上游適當地點，設置攔洪水庫，以資節蓄。本會已具有初步計劃。惟黃河含沙過多，水庫之淤澱成爲極嚴重之問題。故應有特種設計以救此弊。尤有進者，如因水庫之調節，使洩出之泥沙平均分配於逐日流出之水中，其攜沙力必較未曾節蓄時之洪水流量者爲弱，因之水庫下游必有淤澱現象，亦應預爲籌謀，以上各問題本會正在試驗研究中。

泥之來源由於甘、陝、晉、豫、諸省之黃土地面，及黃土河岸。沙之來源則多由於支流山谷。減低河水泥質，則須自黃土地面入手，屬於治河爲間接工作；減低河水沙質，則須設置谷坊，保護灘岸，以資節制。

屬於節蓄洪流減少泥沙之間接治理者爲整理谷壑，保護地面，提倡溝洫。西北高原常有深廣之谷壑，蜿蜒其間，考其原因，皆黃土被水沖刷而成。其害不僅在阻礙交通，侵佔地面，且愈沖愈大，增加河之泥量，實有制止之必要。溝兩坡地，宜治作階田，護以溝洫，蓋以鋪木。壑之本身則節節築堰，平緩水勢。堰上淤平之後，可加新堰，壑底逐漸淤高，植樹種田均可獲利。對土壤之走失，由於地面之刷沖者亦至多。亟應相度地勢氣候，將地面分爲森林畜牧及農業各區，提倡造林種草，並對於農田加以整理，農作方法加以改良，使土壤沖刷減少，如此不僅河患可免，而農產亦受莫大之利焉。

溝洫之制，行於周代，其效能可以蓄水，可以積淤。蓄水卽能防禦洪流，兼以潤田；積淤則能減少下行之泥沙，若挖而出之，播於地面，復可以保持肥壤。惟此制廢棄已久，亟應依照時代需要，重新規劃，俾便實行。

關於水土保持之工作，實爲刻不容緩之圖，本會原擬劃定上中游爲六區，分別進行。現已先成立隴南關中兩水土保持實驗區，積極研究規劃，漸謀推廣。

下游之治理，應首先維持適當之河槽。我國古時卽有寬隄距與窄隄距之爭。漢賈讓建議不與水爭地，徙民以避水。而後人見隄之不能廣，因師其意，而寬其隄距。至明潘季馴則主張以隄束水以水攻沙，於是遙隄之內，加修縷隄。近代水利專家對於黃河之治導研究精邃，根據科學原理，擬具方策，其結論亦多有與古人相契合。

恩格斯以黃河爲患之原因，並非由於堤距過寬，乃由於缺乏一固定之「中水槽岸」。因無固定槽岸，於是河流任意變遷，侵及隄根，則易生險。治理之策，在塞歧強幹，並以適合之護岸工程，固定中水河槽。使水力刷深，免冲灘岸，於是灘高槽深，終可獲得足容洪水之單式河槽。

方修斯以河之病在於堤距過寬。如是則低水與中水槽得以任意變遷，且水淺易淤，故易釀成水災。方氏主張建築較窄之新堤，並利用每年普通高水冲刷河身，故新堤可低於現有之大堤，其建築亦無須過事堅固。設置溢水道以減少非常洪水侵及堤身之機會。因堤頂漫溢，則新舊隄間之灘地可以逐漸淤高。待新隄間之河槽爲洪水刷至適足深度後，再設法固定而成爲中水槽。黃河低水爲時頗久，爲發展航運起見，將來亦有治理低水槽之必要。

恩格斯曾以二次試驗證明，窄堤距河槽之冲刷，及灘地之淤高，遠不如寬堤距而設有翼堤者爲甚，且經屢次試驗其冲刷淤高之程度，皆遞次增加；而低水時期沙灘上之水亦較深，對於航運最爲適宜。恩氏謂黃河河底高出兩旁平原，實有使灘地增高，河槽刷深水面逐漸降落之必要。若能維持原堤，增築翼堤，並適工程，如堵塞支流，以促成中水河槽，並保護灘岸使中水河槽固定，則上述之目的可達。

李儀祉先生謂中水河槽，雖經固定，但於洪水來時，在中水河槽以外，難免奔馳無定，仍可發生危險。恩氏云中水河槽，固定後，使河槽永不近堤，則不發生險工。殊不知洪水大溜方向常與中低水之方向不相同。且黃河決口，平工多於險工，而漫決多於衝決，故雖中水河槽固定，仍不能保無漫決也。

我國潘季馴以堤束水以水攻沙之法，方修斯亦同此主張。惟堤之爲物頗難移徙自如，因堤線必須避免劣質地基，繞經村舍，不能完全依治河目的所規定也。且方氏原擬於新舊堤間，隨時放淤，而新堤低矮，只在束水，卽有漫決，亦所不在意。深恐因此而河道更紊亂矣。

李氏以爲欲達河灘長高，河槽刷深之目的，所施工程須具四種條件：（一）工價極省，（二）具有彈性，隨河床之變遷而不失其用，（三）不妨礙河床刷深之天然工作，（四）可隨時按環境需要而增益。並擬有「固灘壩」之方法。

李氏以使河床逐漸發展至單式斷面爲優，並以僅使容納六千五百秒立方公尺之水量爲限制。多餘洪水則於上游幹支流內設庫以停蓄之。

歸納以上之論述，可知治理黃河下游之方法，皆主張使河槽刷深，灘地淤高。惟以達此目的之工程方式不同，因而意見紛歧。

世人多誤爲堤能治河，實則僅防洪之工具耳。河雖有堤，若不施以治理，則仍不免於荒亂。規定兩堤間最小之距離，須以灘地不因水位增高發現冲刷，河床不因築堤而增加危險爲原則。今試舉一例，以明此理：民國十八年平漢路下游三．八公里處，河槽寬一公里平均深二公尺，（由灘面計）兩邊灘地在床寬七公里範圍內，較低而平，若流量爲九千八百五十秒立公尺，則在此七公里之寬度內灘地水深爲一．二一公尺，流速爲〇．七六秒公尺，似已略大於泥沙冲移之臨界流。故以平漢路附近黃河在民國十八年之情況言之，則七公里之堤距，似不能稱之謂過寬。今若改築較爲窄狹之新堤，河面不同時從事於河槽之治理，惟恐新床以內之河槽，與路線仍不免於遷移，而河槽冲刷之程度驟增，堤工更爲危險。不如依照恩格斯試驗之結果，採用固槽護灘之法。

河槽則宜採用有率灣之曲線，但以盡量利用原有河槽爲原則。灣曲過陡，及距堤過近之處，應遷改之，所有歧流應堵塞之。原有堤綫之不規律處，應改善之，卑薄處應增培之。

凹岸及大溜頂衝之處，均應施以防護工程。即在平溜地帶無論爲堤岸或灘地，如有必要者應施以適當工事。護岸護灘之法，古今中外施之有效者甚多，可供採用。

若原有河槽過寬之處，則宜相機設立實體或透水順壩丁壩，以資約束。

海口遷徙靡定，擁塞不常，影響於河道者亦至巨。李儀祉先生擬於利津以下兩岸植柳，使含泥之洪水，漫溢遇之而淤積成邱，邱上復植柳，則邱益高，連亙不斷，即可成爲鞏固之高岸。方修斯則以爲治理海口與治河宏旨無大關係。然海口段既爲排洩尾閭，自亦不可漠視也。

治黃問題亟應積極研究，本會對於下游測圖旱經完成，詳細地形圖，亦甫繪製竣事。惟以下游論爲戰區，正流南移，治本工作一時暫難實施。現擬籌設露天試驗場，先從研究入手，以爲治理之準備。

我國治理黃河，已具有四千餘年之歷史，先賢之遺範嘉謨，在在足爲吾人之準繩，近人之發明研究，尤可爲治河之依據。本會職司治河，允應參照已有成法，各家意思，及河道水流之實際情形，擬定可行之治本方案，俾得順序實施，早觀厥成。惟以成立未久，基本之資料搜集尚未十分完備，加以近年河防關係國防，人力物力迄未能集中治河之進行，是以成就無多，實爲遺憾。深望海內賢達，惠賜指正，則幸甚矣。

二、青海之灌溉

甲、　黃河之灌溉

黃河自河源至貴德，蜿蜒凡一千四百五十餘公里。兩岸俱爲高山，河流其間，積沙淺灘，灌草叢生。自昔爲游牧民族所居，不事稼穡。間有各地高自二十餘公尺至五百餘公尺，大抵石田不毛，故無灌溉之可言。及入貴德循化漸有沃土。自漢時拓地，置金城郡，屯兵務墾游牧之民，漸爲農民所代。然其後斯地旋得旋失，迄未得當。至清初奠定疆域，農民安居，溝渠漸闢；但河岸高陡，引水灌溉，猶自不易。民國以來，始有仿用水車輪者。然灌溉無多，二縣合計，不過二百餘畝。

貴德縣在黄河之右岸，有引用源於龍池之東河水者二渠，溉三萬四千四百五十畝。及引用郭訥泉水者三渠，溉一千九百七十畝。又引用源於郭訥泉之西河水者一渠，灌二萬二千餘畝。此外又有上山渠四，溉八千三百畝。下山渠五，溉二萬五千畝。共計八萬一千七百餘畝。

貴德縣之對岸即共和縣也。山澗可供灌溉者亦多，引恰布恰河水者六渠，溉八千九百餘畝。引格拉河水者一渠，溉八千畝。引中郭密河水者二渠，灌二千畝。引龍沖河水者一渠，溉二千畝。引朵壩溝水者二渠，溉一千六百畝。引非北山水者二渠，溉二千二百畝。引水泉者一渠，溉二千四百畝。共計二萬七千一百餘畝。

貴德之下爲同仁縣。有保安大河，其上游爲隆武河及清水河，俱饒灌溉。然皆遠在上游，沿黄河則皆赤羅之山也。引隆武河水者三渠，溉一千九百畝，引隆務寺水者二渠，溉一千六百四十畝。引其他山澗者二渠，溉一千零二十畝。共計四千五百六十畝。

再下至循化縣，河谷頗寬。雖無較大支流，而溝澗之水可資灌溉者甚多。所已到用山澗，有卑撈溝渠一，朵楞溝渠一，邊都溝渠五，夕廠溝渠一，起台溝渠四，溉田畝數均未計。渠線長共約百里，每里灌溉以百畝計，共約萬畝。

循化縣之對岸爲化隆縣。引用黄河左岸山澗之水，水利用五渠，溉六千二百畝，甘都工二渠，溉五千五百畝。共計一萬一千七百畝。

共計貴德，共和、同仁、循化、化隆五縣之灌溉地約十三萬五千餘畝。

關於青海境內黄河上游之灌溉，張祜周氏於其「青海已成及計劃之水利建設」一文中，謂在黄河本身開鑿十二渠，上起河源（宿海渠），下止民和，共開渠綫長三千餘里。除所謂積陰渠（積石至山陰）云可開良田萬頃外，於他渠俱未有灌溉畝數之估計。攷黄河自積石（大積石）以上，河谷不寬，拔海在三千四百公尺以上，氣候嚴寒，以農易歉，未必遂爲徙計。自來藏寺以北，至於循化，兩岸支流泉多，而河谷亦頗有寬放之處，張君所謂積陰渠，即在其處。故此處當不少大可經營之地。然上游之地多爲磯石，苟非經河流沖積掩覆，頗難即施耕種。至於黄河本身，河床兩側多爲沼澤，與相隣接者繼爲台地，其高自十餘公尺以至七八十公尺，引水溉田，伺藉水車輪以汲高，費重而難舉。

黄河上游之所苦者，非水源之不足，而在平曠之地少。李儀祉先生主張其灌溉事業，仍當求其動力於黄河本身，水車輪之用即其一例也。上游石峽不少，若於洮河口上下築高堰以水力發電，堰之上游人烟極稀，無所損害。目的在抬高水位，非在蓄水，水庫淤積，亦非所慮。水位抬高，堰之上游台地，引溉較易。電力上可達於貴德，循化，臨夏，臨洮，洮沙等處。下可達於民和，永靖，皋蘭等處。皆以其力汲水溉灌，庶可普及於岸沿台地。一之不足，則大通河之水亦峽，靖遠中衛之峽，皆可利用以作堰以盡其利也。李先生並主張開發西北，當先從水文與地質之研究着手。其次對黃河及其支流沿岸台地，可以利用水電之力灌溉者共若干畝。其雖爲石磧，而可以泥水灌淤者亦計之。水電倘成功，則可代一切水輪，其所費當甚低廉於水輪也。

處此非常時期，欲築堰以抬高水位，實戛乎其難。則水車輪之利用，極宜推廣。然一車所費，約計萬元，恐非貧瘠所能担負。應由政府設法貸款，或擇定適中地點數處，設立小規模之鉄工廠，專造水車輪所需之鉄件。其木製部份，則在各灌溉地點配合。若於一二年內先造成千架，每架溉田平均以二百畝計，可得二十萬畝之水田。千架所費，約一千萬元，然每畝所攤盡五十元。較之各省新成之灌溉，所省不止倍蓰也。舊式水車輪，水戽附於輪周，故汲水之高，限於輪之直徑。且水戽宜轉橫以上漸漸傾倚，水之損漏於此者甚多。李先生曾擬改爲無極鍊戽，附於水輪之軸，其上下以齒輪旋動。則汲水之高，不爲輪徑所限。而輪亦不必求其巨大矣。輪之骨幹可以就地取材，而輪軸、輪枕、鍊戽則以鋼鉄製作，以求其堅級而靈巧。

乙、大通河之灌溉

大通河之上游稱浩亹河，源出大通山，東南流五百公里，至享堂而與湟水相會。河谷狹而深，有灌溉之利者僅亹源二縣。引用浩亹河水，溉一萬二千畝。此外又引用老虎溝澗，但所溉畝數未詳。

丙、湟水之灌溉

湟水亦稱西甯河，源出噶爾莊嶺，流長約三百公里。與大通河相會後至達家川入黃河。湟水之谷，爲濱湟中屯墾地。其灌溉歷史甚古。不徒湟水本身多溪谷闊，而其巨細支流，無慮二十餘，皆可引溉。洵膏沃之土也。所灌凡六縣：

一、大通縣　引北大河水分爲河東河南河西河北四川渠共溉田二萬餘畝。

二、湟源縣　引湟水，巴燕河，藥水河，白水河，毛吉河，阿家兔河，拉拉河，仲隆河等河水，渠二十二，溉田共三萬一千二百八十畝。

三、西甯縣　引西那河，雲谷川，康趨河，南川、北川、及其他山泉，渠二十一，共溉田十六萬一千餘畝。

四、互助縣　第一區引河棠川，安定河，溉五萬八千四百畝。第二區引哈拉河，紅崖子溝河，及其他山泉，溉三萬九千畝。第三區引景陽川，長甯河（北川河），及湟水，溉二萬二千五百畝。共約十二萬畝。

五、樂都縣　引山澗者十分之八强，引湟水者十分之二弱，共渠三十六，溉七萬二千九百畝。

六、民和縣　引湟水者十分之一，引山澗者十分之九，渠三十一，共溉一萬七千二百二十畝。

共計溉田四十五萬二千四百畝。

湟水流域之灌溉，歷史甚古。所溉畝數，甲於全省。惜迄今仍沿用舊法。渠首係用壘石堆累。支幹各渠之位置及坡度，均未必合宜。渡槽則以獨木為之。越過道路處，多缺橋樑，涵洞。至攔河壩，進水閘，分水閘，及斗門等，更無論矣。是以用水必不經濟，且有時交通受其阻梗。每歲修渠所費，亦為數不貲。現本會已應青海省政府之請，派員前往勘查。擬按實地情形，妥擬改良及擴充之計劃。

丁、雪水之灌溉

青海以西，用雪水灌溉者，為都蘭。自設治以後，漸次化游牧為農耕。引水溉田計有八渠：

一、引都蘭河水者一渠，溉二千餘畝。

二、引哈拉哈圖河水者二渠，溉二千餘畝。

三、引察卡河水者一渠，溉三百餘畝。

四、引可魯潾及察汗烏蘇河水者三渠，溉四千餘畝。

五、引香日得河水者一渠，溉一千餘畝。

共計九千三百餘畝。

戊、柴達木盆地之灌溉

柴達木盆地居本省之西北部，其地勢特低陷。四面高山，雪嶺環繞。有無數內陸河，皆無出路，而瀦為鹹湖。故青海省以多湖泊著稱。盆地內河流之最著者，為柴達木河。集賁河源以北之諸水瀠洄於盆地之東部，瀦於霍布遜湖。此外猶有塔塔稜河，奈齊果勒河等。

大凡盆地地勢平衍，而河流衆多，必利於灌溉，如成都盆地，及關中盆地是也。惜柴達木盆地中，水無出路，乃匯為鹹湖滷沙淖之地，到處多有。且如排水不良則良田可因灌溉而變為鹼地。現亟宜測勘其地形，擬定灌溉與排水計畫，次第舉辦。俾斥鹵變為良田，游牧變為農耕，其富可擬關中矣。

三、甘肅之灌溉

甘肅省氣候乾燥，雨量稀少，亟應發展灌溉，以增農產。惟以地多高原，引水溉田，至感困難。是以已有及正在計劃之灌溉區，多在河谷之沖積地帶。範圍較廣者，則為弱水流域。

弱水流域在祁連山之北合黎山及龍首山之南，皆雪水注自祁連之流，薈萃而成者也。書云，導弱水至於合黎。按所謂弱水，即今之額濟納河。有二源，東源今亦稱弱水，或曰黑河，或山丹河。源自青海，流經山丹縣後，西北流，經民樂至張掖，合洪水甘州二河。復西北流，經臨澤高台二縣出長城，至鼎新縣與西源會。西源曰臨水，亦有二源，一曰白河，即北大河，一曰紅水，即洪水壩河，相會於酒泉之東北。又東北流合東源，乃稱額濟納河，或坤都倫河，入甯夏後分數支入居延海。

本流域內平原沃壤，水之所經，便成樂土。自漢武帝征服匈奴後，即開阡陌，興水利。其後代有更張，渠道衆多，自明以後，溝渠失修。地震之後，地質變化，氣溫增加，雪量減少，地水降落，苟不設法救治，則灌溉面積必日見減少。茲將各縣灌溉情形，列表明之：

縣名	水源	渠壩數	灌溉面積	備考
山丹	雪水 泉水出丹河	八渠十七壩	一三七、三〇〇	
民樂	雪水	八渠	一六四、四〇〇	
張掖	雪水（弱水）泉水	二十四渠三十分渠	二六六、七〇〇	水年可灌四七七·七〇〇畝
臨澤	雪水（弱水）	十渠	一〇七、四〇〇	
高台	雪水（弱水）	六渠二十五壩	一九四、二〇〇	
酒泉	雪水（弱水）	六渠四千八壩	二〇〇、〇〇〇	水年可灌五〇〇、〇〇〇畝
金塔	雪水（弱水）	八壩	五〇、〇〇〇	
總計	[illegible]		一、一二〇、〇〇〇	

本流域內灌溉事業，務與辦者猶多。考之方誌，酒泉水利在昔盛時，討來河灌二十八萬畝，清水河二十萬畝，洪水河三十萬畝，臨水河十四萬畝，豐樂川二十三萬畝，馬營河三十二萬畝，合計一百四十七萬畝。現今常年所灌不及七分之一。又如金塔縣王子莊一帶，荒地十餘萬畝，土質特肥，澆水一次即可豐收，以缺水故，無法開墾。故農田用水量之不足，情形至爲顯著。

本流域內水之主要來源，爲由山間融化之雪水，次要爲泉水，而源水量皆爲天然限制，無可增裕，故欲擴增面積，須從節流着手。又融雪之水爲氣候所支配，故冬令及初春嚴凍未解，乏水可用。立夏前後亦爲缺水時期。而夏季亦發洪漲，爲害田廬。若節流而能加以調劑，則兩有益也。

李儀祉先生擬有節流之法二：一爲築水庫以蓄水，二爲地下蓄水。水庫可於山谷間擇適當地址築之，以能容夏季洪水全量，而備冬春之用爲度。甘肅當局已有鴛鴦池水庫之計劃，庫址在酒泉金塔二縣交界處，就佳山口築壩，地勢天成。當明之季原爲水湖，實具水庫之用。自墾闢爲田，致百年後下游受害，今計劃復之，可溉田十萬畝。地下蓄水則仿南非沙漠地所用之法，於河床底下作橫欄牆，或用混凝土，或用化學方法化河礫爲石，使河床底沙內潛流之水，爲牆所攔，以增高兩旁地下水面。此種牆不妨多築之，以蓄水之利。

除修築水庫及地下蓄水二法外，當可鑿井以增水量。蓋本流域內地下水位頗高，地面以下不過丈餘或數丈，即可見水，開井灌田並不困難。

本流域內水利之發展，以整理舊渠，增裕水源爲首要。與擬定管理章則，以息水利糾紛，亦刻不容緩。謹以過去情形，或上游奪下游之水，或下游壞上游之堰，小則鄉與鄉爭，壩與壩爭，大則縣與縣爭。蓋近年來上游墾地稍廣，渠道難免游移，雪量亦較減少。上游地居優先，見水少而倍形珍貴，不免有多引濫灌之事。馴致下游涓滴無餘，赤地千里，生死所繫，湯火不辭，一爭一護，械鬥以之也。亟宜先事測量，繼以規劃。就地形高下，水量大小，田畝多寡，妥爲整理分配。庶水無虛耗，而爭端亦息。

甘肅省各河谷沖積地帶之灌溉，自二十三年以來，地方當局即籌建新式渠道，現已完成者計有洮惠湟惠渠溥濟三渠共灌田約八萬畝。正施工或籌備施工者，計有湧惠，永豐川，夏惠，北灣堤，涇濟各渠，共灌田約十八萬畝。尚有設計已定或未定之渠道，其著要者爲秦王川，新蘭，羅成，大夏河堤，東鄉灘等渠，可灌田四十萬畝。又擬在武山縣屬之鴛鴦鋪，建蓄水庫，引水渭河上游及其支流之水可灌田十萬畝。以上共計灌田約七十六萬畝。本省舊有水渠尚有百數十條，應加以整理。舊有水車灌溉，應事推廣。若再提倡鑿井，則全省灌田不下二百萬畝。本省當局有開發水田四百萬畝之計畫，雖相去尚遠，亦非不可能也。本會現已派隊長二人，與資源委員及水利林牧公司合組查勘隊二，分途調查各河水利，俾便計劃，逐步實施。

四、寧夏之灌溉

寧夏之灌溉，按其天然形勢，可分爲三區，以青銅峽爲其樞紐。青銅峽以上，夾河而墾，灌中衞中寧二縣地者，曰中衞區，其渠之著者，在中衞縣有美利渠，在中寧縣有七星渠。青銅峽以下，至石咀山間，至河西灌寧夏，寧朔，平羅三縣地者，曰河西區。其渠之著者，有漢延、唐徠、惠農、大清、昌潤、雲亭等六渠。在河東灌金積、靈武二縣地者，曰河東區。其渠之著者，有秦渠、漢渠、天水等三渠。以上即所謂甯夏十一大幹渠也。

其餘較小渠道尙多，據二十五年冬出版之甯夏水利專刊所載，全省幹渠四十五，共長二七七三里，支渠三三五六道，共可灌田一百八十五萬畝。然因渠道廢弛，所實灌畝數，祇七十一萬餘畝。而黃河兩岸可施灌溉之面積，約有四百萬畝。渠道衆多，而所灌面積頗小者，其原因有三：（一）水源係利用黃河漲水，遇河面低落，水不能入渠也。（二）水頭不足，流弗能遠及也。（三）民力甚艱，弗能多闢也。各大幹渠均甚寬深，儼然巨川，但廢塞殊多，其著者有三：一曰勢平流緩，以致水中所含泥質，足以肥田，亦足以淤渠。二曰有灌溉而無排水，以致積潦成湖，處處皆是，而鹹鹵發生，無以沖洗，故田之廢棄者多。三曰渠口分歧，各自引流，不相統屬，以致控制不易，維持之費甚昂。若能歸併各渠道，按現代技術方法加以改善，則其收穫必數倍於今日。

關於改良甯夏之舊有灌溉制度，李儀祉先生曾擬有以下之計劃：

十一大幹渠中之美利及七星二渠，源於中衛，且地面有限，灌溉共七萬五千畝。美利處北岸，苦入水不暢。七星處南岸，苦山水沖崩。略加改良可也。至於青銅峽以下，東西兩岸秦，漢，唐，清，以及最近新開諸渠，皆可歸納於一系統之下。其法於青銅峽百八塔處，跨黃河建橋，以通火車，車，馬，駱駝。橋下各石礅之間，可安設活動堰（以堰轆爲便），以造水頭（水頭），使低水面升高二公尺許。東岸延長石礅作壩達於岸，於其間另開渠口，名爲東幹渠。下通秦漢等渠，各爲其支系。故其他渠口皆可廢，而統於橋上操縱之。橋下二公里處，可作退水渠閘，通於黃河，以爲沖刷幹渠淤泥之助。東幹渠之下，就舊有各渠整理擴充，可得灌溉面積至少一百萬畝。較之秦漢二渠原有灌溉增加五倍。

西岸由橋下作引水壩，按原有迎水壩址，上連循磯，下連河洲就唐徠渠口套河作土壩，使橋下之水爲引水壩所引者，統歸於渠，名曰西幹渠。故凡舊有漢延，大清，惠農，等渠口皆廢也，而統於橋上操縱之。套河土壩進水渠口之側，可作沖刷閘，以爲沖洗淤泥之用。西幹渠就舊有各渠整理擴充，可得灌溉面積二百萬畝以上。較之原有灌溉，增加四倍不止。

甯夏各渠，向來將餘賸之水洩之於各湖沼，故湖沼甚多。宜另作排水系統使洩之於河，如此則鹹質可以洗除，而良田面積可以增加。

甯夏地居祁連山（拔海五〇〇〇公尺）以北，阿拉善山（拔海三三〇〇公尺）以西。二山拔海均高，故空中溼氣易於凝結爲雪。迨春暖日融，雪水下注，爲澗爲池，引水灌田，膏潤無比，河湖之著要者，有札拉台達巴蘇湖，喀拜林海子，吉蘭泰鹽池，鄂河，魚海，昌甯湖，青玉湖（甘肅），庫庫達巴蘇鹽澤，居延海等。故阿拉善額魯特旗之尙可以居人者以此。近年內地人民前往耕耘者日多，於是草地漸化爲水田。若能引黃河水以灌此廣平之涉地，則其富庶有不可勝言。李儀祉先生曾擬有引黃灌沙之計劃如下：

黃河自靖遠北行至五方寺（拔海一三三四、四七公尺）出長城，東北流，至中衛之張家堡復入長城。在此段兩岸皆石山，高四五百公尺，河床之寬僅一百公尺。以丁、翁、曾三氏中華民國新地圖度之，黃河與阿拉善區相隔之山，亦不過五公里左右耳。若穴而遂之，使黃河於盛水時得分其餘溜，以灌阿拉善沙磧之地，則變沙磧為良田，其畝數不可限量，祇可以黃河流量為之限制。蓋黃河低水用於甯夏後套，及薩托灌溉區，面積凡一千二百萬畝，已需每秒三百六十立方公尺之流量，絕無餘水以灌他處。故欲灌阿拉善區，只可用春季桃花水，及伏汛之水，以種蕎麥及稻菽為宜。設能引三百秒立方公尺之水量，則是亦可成田千萬畝。事之可為，莫過於是。而因之以減少下游水患，減少黃河泥沙，其益更多。水田千萬畝所產糧食約可供五百萬人食用，邊防軍餉猶何待外求。

本會現已派隊前赴甯夏實地測量。先測舊有各渠，冀得早日改善。次測黃河與阿拉善沙地間之地形，以便擬定計劃，一俟戰事結束，即可興工。

五、綏遠之灌溉

黃河所經九省，得灌溉之大利者，惟甯夏綏遠。河在石嘴子磴口間，始驟變濁，則二省所用黃水乃有清濁之不同也。綏遠引黃灌田事業，可分為三大區域。在烏拉山以西者，曰後套灌溉區，在南者曰三虎河灌溉區，在東者曰薩托灌溉區。茲分述如下：

甲、後套灌溉區

黃河在綏遠境內，北依陰山，有五家河繞之，稱為後套。決渠以灌五原，臨河，及安北之田，其面積縱可二百公里，廣可七八十公里，稱曰後套灌溉區。水渠口開於黃河北岸，總於五家河。五家河則匯於烏梁素海，而通於河。故綏遠之排水制度，較甯夏為優，以其能間接排水於河也。綏遠之幹渠亦有十一，曰永濟渠，剛濟渠，豐濟渠，沙河渠，義和渠，通濟渠，長濟渠，塔布渠，黃土拉亥渠，楊家河，民復渠。

以上各幹渠，除楊家河外，皆屬公有。各渠灌田之多寡，全視河水之消長。旱年所溉者少，潦年所溉者多。潦年往往成災，故仍以常年之數為可據。十一幹渠常年灌溉共計一萬三千一百五十頃。

後套各渠，均無引水閘門，純利用河水高漲時自然流入，故不遇高漲時，水即不能入渠。每年灌溉日數，及水入渠之遲早，均惟漲水時期之長短，與水位之高低是視。平均每年灌溉時期可得百日。但春水含有鹼性，民不樂用。多冰帶有鹼漬，祇用以拉渠。最佳之水為秋伏二季，不惟水質肥饒，且以餘水放出收凍，最利農耕。

三四

黃河在後套，河床寬衍，故水之漲落不甚懸殊，尋常每年最高與最低水位之差爲一至三公尺，後套之能引水灌田，此亦其主因，有時洪水爲災，則以渠之失修，非洪漲之暴烈也。新春河水帶凌入渠，淺處輒爲冰塞，後繼之水不能暢行，則潰決漫淹矣，夏秋之水，如來之過驟，亦致決防。此等災害，以臨河縣爲最。

各渠之口，如相河流形勢而爲之。有引倒漾水（迴隄）者，有引套水（河流彎曲之處開口）者，有築迎水埧以兜水入渠者，而皆瀉之於五家河，五家河宣泄不暢，則各渠皆敝也。五家河通於套東端之烏拉素海，而不能直接通於河，亦其弊也。

綏遠省府會擬開濬五家河，使其上端可以納黃河之進水，而下端通烏梁素海，達之於河，俾餘賸之水有所歸洩，如此則全套溝通。復固提坊，設閘口，使盛漲不爲災，而水枯猶能引用，則全套之地，普沾黃水之膏液，而綏西富矣。

乙、三虎河灌溉區

黃河自後套東行至西山嘴，析爲二股。北股細微，俗稱三虎河，寬十五公尺，深二至三公尺。經流於西公旗帶地，長一百二十公里，與黃河夾成灘地七千餘頃。已開六渠，曰東大渠，長三十餘公里，溉五百頃。西官渠，長二十公里，溉六百頃。西大渠，長十公里，溉二百頃。公濟渠，長四十公里，溉二百頃。民移渠長三十公里，溉百頃。東河自二道壩流來，爲包頭城內用水，及城外園藝灌溉，約二十頃。共計一千六百餘頃。

本會對於改善後套及三虎河灌溉制度，正在籌劃中。擬先派員查勘，再派隊測量。期於最近期間，擬定計劃，準備施工。

丙、薩托灌溉區

此區域包括包頭以東，歸綏以西，黃河與陰山間廣大平原之灌溉事業。因所灌畝數，以薩拉齊與托克托二縣爲多，故以薩托區名之。其渠道以民生渠爲主要，故亦稱民生灌溉區。此區面積較小於後套。

民生渠係新近引用黃水之灌溉工程，於民國二十一年放水。渠首在包頭縣之磴口，尾入大黑河，長七十二公里。惜以工費不繼，迄今未著大效。渠口採用提閘式，水之進入多寡，可以自由控制，不似後套各渠之純依天然之力也。幹渠成後，支渠未成，際遇二十二年及二十四年夏季黃河洪漲，及山水暴發，渠之淤廢，及堤之潰決者甚多。二十四年秋季入民自動提閘，灌田一千頃，收穫甚豐。此蓋秋季水漲，以之灌溉，故有一時之效也。考民生渠之缺點，在黃河本身之坡度極小（萬分之一），而渠身之坡度反較陡（八千三百分之一），故渠之尾深於黑水河之尾，而水不能洩。民生渠以黑水河爲歸宿，而入黑之處猶在黑口於距四十公里之上游。平時固無可慮，而漲水之時，黃水入渠，若黑水同時而漲，則不免漫決成災。設水漲時閉閘弗啓，則渠等於無用。蓋人民之所利者秋水也，而除秋水外，他水較低，亦難入渠。至於小水無計排洩，渠平易於積淤，尤爲其弊。李儀祉先生以爲對民生渠不宜求全責備。必使灌溉逾二百萬畝，且四季之水皆可用，殆不可能之事。縱勉設潛堰以增高河水位，而因以增加渠中水深，並築長堤（二十公里）以防洪潦，則以後維持之費，尤爲不貲。稍一疏虞，則黃河勢將改徙，前功盡棄。又必使渠尾入黑水河之主張，亦大可放棄。故李先生對改善民生渠之意見，以爲可就現在幹渠之綫，略加濬治，至第九支渠之口不復東行，乃順第九支渠之始向東南行穿之，至舊黃河槽下與民利渠尾相接，導之復歸本河。民生渠首之閘可以不設，使黃河之水自由而入，自由而出，如三虎河之例。渠與河間之面積，聽人民自由引水灌溉。水漲淹溉可也，水枯則用翻車灌溉亦可也。其灌溉之面積得有數十萬畝，於計已足。所費者有限，而豚蹄之願可以速償。固不必擲巨款於不可恃之企圖也。

至於黑水河之渠溉，則大可整理以益其效。二者並行，使民生渠不與黑渠相混，而其中間之餘空，亦可以容滯溢以排山水，庶可以不致再爲災害。

薩拉齊有公義渠，亦引用黃河之水，所溉畝數未詳。托克托有民利渠，引河水溉田約千頃。包頭以東，迄今猶爲敵人所佔據。應俟情形許可，迅即參照李儀祉先生之意見，將此灌溉區域加以改善。

六、陝西之灌溉

陝西水利事業開端最早，秦建鄭國渠，漢修白渠及運槽，至唐代水致大備。迄今歷二千餘年，代有興革。降至清末民初幾廢弛，益以雨量不充，旱災屢見。十數年來經李儀祉先生之提倡，中央地方當局之主持，灌溉事業蔚然可觀。計已完成之新式渠道有涇惠、渭惠、織女、梅惠、漢惠、褒惠、黑惠各渠，共灌田約一百八十五萬畝。正在施工者有洛惠、澧惠、澇惠、定惠、榆惠、各渠共計灌田約九十三萬畝。已查勘設計待款興工者，有澇惠、湃惠、[illegible]惠、雲惠、各渠共計灌田約二十五萬畝。陝南舊有渠堰其著者如山河、五門、百丈、揚塡等堰，均年代久遠，至今不廢。計共灌田五十餘萬畝。其餘各小型堰渠亦多，設有水利協會負灌溉管理之責。關中舊有渠堰雖規模不若陝南之大，然統計諸峪水一百三十餘道，渠堰八百餘處，可灌田七十餘萬畝，各峪溝澗之小渠堰尚未計入，若加整理，至少可增至一百二十餘萬畝。至於關中區域引水較難，及地下水較高地帶，正規劃鑿井二千五百眼，並擬在陝南開塘蓄水以資補救。

七、黃河及其各支流之航運

禹貢云：浮於濟漯浮於淮泗，浮於雒，俱達於河，則黃河及其支流之航運，由來已久。然時至今日，黃河本身所能駛行者，猶僅爲簡陋之皮筏及木船，以現代交通程度衡之，直可謂之不通航也，各支流之水運，更乏可述者，但欲事改進，應先明瞭其現況。

黃河至貴德，始通皮筏，出青銅峽後，可通木船，下至包頭。故黃河在西北之舟運，以甯夏包頭間之九百公里爲最盛。自包頭至禹門，雖總可行舟，然自平綏鐵路通後，舟行幾絕，禹門以下，舟運復盛，而出潼關後，有盤頭之湍，閿鄉之淺，三門之險，舟行不易，孟津以東之木船，應可暢行無阻，竟又厄於冬季之冰凘，及歷變之谿淺。

黃河支流可通帆舟者，僅渭河由咸陽至潼關一百六十公里，洛河由大荔至三河口五十公里，汾水由新絳至黃河口一百公里，洛水由洛陽至鞏縣九十公里，此外尚有湟水自西甯以下可通皮筏，渭河自寶雞以下偶有木筏，其他皆無航運可言，而洛陽以東又不在西北範圍以內，故統計西北可通木船之水程，不過一千數百公里，可謂窒塞極矣。

李儀祉先生曾擬有開闢西北航運之計劃，茲約述於下：

黃河在青銅峽以上，有無數砂磧，欲化險爲夷，輪舟通駛，萬難如願。中衛以下，河床寬衍，河底易動，尤以綏西一帶所謂破河者，水流散漫，舟行其間幾不辨河槽方向。木舟且不易行，況乎輪船。故求之於水道不得其便，則當求之於行水之具。甯夏以上所以盛行牛羊皮筏者，以其便也。湟水尖小峽險，及皋蘭以下諸灘之險，應盡人力除其大害，使行旅安穩。而筏制則應由能者爲之設計改良，以益其載重，而利其行駛。至於青銅峽以下，舟楫之構造亦可倣牛羊皮筏之原理爲之。若以鋼製船，中設氣函。其上拖力得以機器調節之，使有百噸以上之拖力，則可以載貨百噸而浮。甚至拖船之力艇，亦可如此爲之。如是則吃水不深，上下行駛自可如意。提倡黃河交通者，應特注意是點。最好詳查河道情形，四時變遷，及一切對行船有關諸因素，明定要則，懸重賞以徵求便於駛行黃河之造船設計。此問題若能完滿解決，則四千公里之黃河，及其支流如洮、如湟、如汾、如渭、如南北二路皆靈活矣。其他小水如套中諸渠，如無定河，延河等，亦何嘗不可加以整理，以爲西北交通之一助哉。

現處非常時期，欲以鋼造船，頗感困難。但西北諸省之航運，對後方交通至關重要，發展之策，實刻不容緩。本會乃以通行木船爲原則，積極進行。黃河自蘭州至甯夏約六百公里，已有查勘報告，整理綱要正在擬訂中，現復派隊詳測，河道地形，預計明秋興工。洮河自岷縣至入黃口（柳家峽）計二百五十七公里，業經試航擬有計畫，預計今秋興工，一年完成。湟水自享堂至達家川計七十公里，已測勘完畢，擬有計畫，預計明春興工，一年完成。渭河自天水至寶雞約三百公里，現在派隊施測，預計明秋興工。

八、黃河及各支流之水力

西北各省，地曠人稀，生產落後。抗戰以來，軍民萃集，頓成後方物資主要供應地。故近年政府對灌溉事業之推進，不遺餘力，交通工業之發展，亦積極進行。惟水力一項，以技術財力及器材上之困難，未能舉辦，僅民間利用河渠跌水，安設水輪水磨水杵，以爲軋花碾米磨粉榨油之用，不過代替一部人力與獸力而已。按西北多山，限於地勢，灌溉舉業，雖期普遍。而戰後建設，勢將側重西北，沿海各區，人煙稠密，亦必逐漸西移，若僅恃農耕，實難自給自足。須擇宜適地點，興創工業，增加生產，則國防民生，兩有裨益。惟陝甘青甯各省，均感燃料缺乏，故將來發展工業，其原動力，捨水莫屬。查黃河幹支流水力可資利用者甚多，玆將路舉於後，以供參攷。

一、屬於黃河者：晉陝交界宜川縣屬之壺口峽，寬僅二十餘公尺，枯水時期，跌差十二公尺，平均低水流量姑以三百秒立方公尺計算，則可得四萬五千馬力。如再築壩蓄水，並以抬高水位，則其力益大。設廠發電，附近工業及高原灌溉，均可賴之以興。至於龍門水力，亦可與壺口相埒。龍門以下，並有舟楫便利，以資運輸。惟兩處均因冰期較長及泥沙淤澱問題，在技術上尚有待研究也。

二、屬於支流者：渭河寶雞之太寅峽，可以建壩蓄水，若築壩高，八十公尺，所發電力，可達九萬馬力。洛河之洑頭，可達一千馬力，洮河入黃處，有牛皮峽，寬二十餘公尺，岩基優良，如築高壩，可達十萬馬力。該河上游岷縣曹家浪，開渠引水，可得有效水頭三十公尺，最小流量以二十八秒立方公尺計算，水力可達一萬馬力。湟水及大通河匯流處之享堂峽，兩岸皆山，河底爲堅石，宜於築壩，流量以一百秒立方公尺計算，如築壩高五十公尺，所發電力可達六萬五千馬力，足供蘭州西甯之用。

三、屬於山澗及灌溉渠者：西北各省，水流縱橫，民間向有利用山谿之水，安設水磨水車及水輪，以代人力及獸力者。近年水渠所經，亦有在各跌水設置小型工廠者。惟多簡陋，機動不靈，或濫行引水，消耗過甚。若能加以指導改良並予以資本上之扶助，不難立收宏效。

非賣品

西北水利問題提要

編輯者　黄河水利委員會
西安大湘子廟街
印刷者　中國文化服務社陝西分社
中華民國三十一年七月

後記

我是從數學史學習中逐步瞭解治黄史的。漢代《許商算術》的作者許商，好天文術數之事的王景、李尋善，他們既是數學家，又以治理黄河而聞名。我國現存最早的河工著作《河防通議》，將中國古典數學天元術運用到治黄工程中，創造了中國古代工程數學的一個高峰。除了數學史之外，内蒙古師範大學科學技術史研究還以少數民族科技史和地方科技史見長。李迪先生曾指出地方科技史研究的重要内容是人與自然環境變遷、科技遺迹與自然環境以及環境與生産的關係，此類研究具有明顯的現實意義和重要價值。想要通過大科學史研究，弄清變遷的原因和未來的發展趨勢，産出對于地方各方面的開發有更大、更直接價值的成果，這類研究大多離不開文獻。之後，李迪先生更是直接指出科技史研究不僅是對過去的科技工作和科技成果的回顧與總結，而且要着眼于現代，讓古人的發明創造爲今人服務，繼續在現代發揮其應有的作用。我將先生大科學史的治學理念視爲座右銘，在科研工作中更加注重讓科研成果服務于國家戰略與區域發展需求。

二〇一九年九月，習近平總書記在黄河流域生態保護和高質量發展座談會上指出，黄河流域在我國經濟社會發展和生態安全方面具有十分重要的地位。黄河流域生態保護和高質量發展是重大國家戰略。同年十月，黨的十九届四中全會提出『加强邊疆治理，推進興邊富民』，首次把邊疆治理寫入黨的文件。内蒙古師範大學組織科研力量，積極申報研究闡釋黨的十九屆四中全會精神的國家社科基金重大項目，其中『中國特色社會主義民族區域自治制度自信研究』項目獲批。我承擔其中的『鑄牢中華民族共同體意識下的民族自治地方文化自信研究』子課題，而黄河是首選文化要素。二〇二四年，該項目順利結項，我也對黄河文化所藴含的時代價值有了更深的體會。

有鑒于此，我帶領文化遺産智能應用服務中華民族共同體建設『英才興蒙』團隊，以黄河爲主題，開展了文獻、文物、傳統工藝等多模態資源庫建設和跨模態應用示範工作。這次與内蒙古人民出版社合作出版的《黄河國家治理文獻集成》，旨在梳理和總結文獻中所藴含的歷史經驗和文化信息，爲當代及未來的黄河治理和地方文旅産業發展提供參考與借鑒。

感謝内蒙古民族文化産業研究院、巴彦淖爾市圖書館等单位的傾力相助，感謝内蒙古自治區黨委宣傳部、内蒙古出版集團、内蒙古人民出版社對本項目的支持與幫助。

在此，也向致力于黄河治理和大河安瀾的歷代先賢與當代典範表達崇高的敬意：你們的不懈努力與無私奉獻，爲黄河的安寧與人民的福祉築起了堅實的防綫；你們的智慧與勇氣，將永遠銘刻在中華民族的歷史豐碑上，激勵後人不斷前行。

董杰

二〇二五年一月